国家示范（骨干）高职院校重点建设专业优质核心课程系列教材

Flash CS5 动画设计项目教程

主　编　明丽宏　彭德林

副主编　徐士华　吴　琼　杨兆辉

主　审　张丽静　金忠伟

中国水利水电出版社
www.waterpub.com.cn

内 容 提 要

本书根据高等职业技术教育的教学特点,结合教学改革和市场、行业应用需求编写而成。本书涵盖了电子贺卡制作、广告制作、电子相册制作、网页制作、MV 制作及多媒体课件制作等目前二维动画市场所涉及的极具代表性的领域,共包含 6 个学习情境,每个学习情境包括 3 个案例和 2 个项目,通过案例导入项目的核心技能,学习流程联系紧密、环环相扣、一气呵成,使读者在掌握 Flash CS5 动画创作技巧的同时,享受无比的学习乐趣。

本书融入了作者丰富的动画设计经验和教学心得,深入浅出的讲解方式使读者在项目创作中不断积累专业功力,达到独立完成 Flash 动画项目创作的目的,非常符合读者的学习心理。

本书可作为各类大中专院校、职业院校及各类计算机培训单位的教材,同时也可作为各类网络爱好者及网页设计人员的参考书。

为方便教师授课,本书提供了配套电子教案和本书素材文件库,读者可以从中国水利水电出版社网站或万水书苑上免费下载,网址为 http://www.waterpub.com.cn/softdown/和http://www.wsbookshow.com。

图书在版编目（CIP）数据

Flash CS5动画设计项目教程 / 明丽宏, 彭德林主编
. -- 北京：中国水利水电出版社, 2013.5
国家示范（骨干）高职院校重点建设专业优质核心课程系列教材
ISBN 978-7-5170-0910-8

Ⅰ. ①F… Ⅱ. ①明… ②彭… Ⅲ. ①动画制作软件—高等职业教育—教材 Ⅳ. ①TP391.41

中国版本图书馆CIP数据核字(2013)第110113号

策划编辑：石永峰　　责任编辑：张玉玲　　加工编辑：孙　丹　　封面设计：李　佳

书　　名	国家示范（骨干）高职院校重点建设专业优质核心课程系列教材 Flash CS5 动画设计项目教程
作　　者	主　编　明丽宏　彭德林 副主编　徐士华　吴　琼　杨兆辉 主　审　张丽静　金忠伟
出版发行	中国水利水电出版社 （北京市海淀区玉渊潭南路 1 号 D 座　100038） 网址：www.waterpub.com.cn E-mail: mchannel@263.net（万水） 　　　　sales@waterpub.com.cn 电话：（010）68367658（发行部）、82562819（万水）
经　　售	北京科水图书销售中心（零售） 电话：（010）88383994、63202643、68545874 全国各地新华书店和相关出版物销售网点
排　　版	北京万水电子信息有限公司
印　　刷	北京蓝空印刷厂
规　　格	184mm×260mm　16 开本　16 印张　413 千字
版　　次	2013 年 5 月第 1 版　2013 年 5 月第 1 次印刷
印　　数	0001—3000 册
定　　价	30.00 元

前 言

Flash CS5 是 Adobe 公司推出的一款非常流行的矢量动画制作和多媒体设计软件,被广泛应用于电子贺卡制作、广告制作、电子相册制作、网页制作、MV 制作及多媒体课件制作等领域。

建立在建构主义学习理论、实用主义教育理论和情境学习理论基础上的项目教学法,在职业教育的课程教学活动中得到越来越广泛的应用。按照项目教学的先进理念和教学模式改革教学方式,从而使职业教育随着市场、职业、科技的动态变化不断调整、壮大,从而不断得到市场的"青睐"。本书正是基于此目的编写创作的,是实施项目教学的首选教材。

本书从应用的角度出发,包含 6 个学习情境,每个学习情境包括 3 个案例和 2 个项目,采用"案例(项目)驱动"式的组织形式覆盖 Flash 平面动画设计与制作的常用知识技能,用案例导入项目的核心技能,用项目介绍二维动画市场的典型应用类项目的设计与制作技巧。学习情境 1 是电子贺卡制作,主要用来实现在快节奏的今天,人们借助发送电子贺卡来表达自己对对方的祝福和情感,通过该项目的演练,能够对电子贺卡的创作得心应手;学习情境 2 是广告制作,该学习情境介绍了广告设计与制作的全过程,让大家对 Flash 广告有系统的认识和了解;学习情境 3 是电子相册制作,Flash 电子相册是将照片连接起来形成动态影片,在 Internet 上和朋友们共同分享的一种方式。通过这种方式可以记录幸福的时光,表达对生活的热爱;学习情境 4 是网页制作,掌握制作网页和网页中的按钮及菜单的方法和技巧,并能够根据不同需要,制作色彩丰富、风格独特、图文并茂的网页动画;学习情境 5 是 MV 制作,该学习情境主要学习如何将图片、声音、动画完美搭配,从而使所创作的 MV 具有更好的创意和艺术感染力;学习情境 6 是多媒体课件制作,主要介绍应用 Flash 制作教学课件的方法和技巧,并学习通过大量的图片、文字,结合幻灯片与组件制作出富有知识性、更有趣味性的教学课件。

本书是由一批长期工作在高职高专动画设计课程的一线教师和动漫企业技术人员共同编写的,由明丽宏、彭德林任主编,徐士华、吴琼、杨兆辉任副主编,张丽静、金忠伟任主审,明丽宏、彭德林主持策划、统稿,张丽静、金忠伟审阅定稿。其中,学习情境 1 由明丽宏编写,学习情境 2 由曲慧丽编写,学习情境 3 由杨兆辉编写,学习情境 4 由吴琼编写,学习情境 5 由徐士华编写,学习情境 6 由常慧娟编写,情境练习指南由彭德林整理编写。

本书在编写过程中得到了中国水利水电出版社万水分社有关领导和编辑的大力支持与帮助,在此表示感谢。由于编者水平有限,书中难免出现疏漏和不足之处,敬请广大读者和同仁给予批评和指正。

编 者

2013 年 3 月

目　　录

学习情境一
电子贺卡制作

 教学要求

学习情境	学习内容	能力要求
导入案例一：五角星的制作	① Flash CS5 基本操作	① 掌握 Flash CS5 的使用方法
导入案例二：绘制圣诞树	② 各种绘图工具	② 熟练掌握常用基本绘图工具的使用方法
导入案例三：绘制水晶按钮	③ 贺卡的种类及风格特点	③ 掌握相应动画的创建方法
项目一：春节贺卡制作	④ 动画制作	④ ActionScript 语言的基本应用方法
扩展项目：生日贺卡制作	⑤ ActionScript 语言	⑤ 根据客户需要完成电子贺卡的制作

1.1 导入案例一 五角星的制作

1.1.1 案例效果

本案例主要介绍通过"线条工具"、"渐变变形工具"、"椭圆工具"、"变形"面板的综合使用来制作五角星。在 Flash CS5 绘图中，有些绘图对象必须使用精确变形和精确旋转设置，才能达到绘图对象的要求和效果，本案例以这些工具为基础进行绘图。最终案例效果如图 1-1 所示。

图 1-1 "五角星"效果

1.1.2　案例目的

在本案例中，主要解决以下问题：

1. "线条工具"的使用。

2. "渐变变形工具"的使用。

3. "变形"面板中精确变形和精确旋转的使用。

1.1.3　案例操作步骤

1. 创建图形元件

按"Ctrl+F8"组合键，创建一个名为"五角星"的图形元件。

2. 绘制五角星

（1）选择"线条工具"，然后设置"笔触颜色"为黑色（#000000），按住"Shift"键的同时，在舞台中绘制一条直线，如图 1-2 所示。

（2）选择"任意变形工具"，这时直线效果如图 1-3 所示。

图 1-2　绘制直线　　　　　　　　　　　　　　图 1-3　选择任意变形工具

（3）单击"窗口 | 变形"命令，弹出如图 1-4 所示的"变形"面板。

（4）将"变形"面板中的"旋转"单选项选中，并将角度设置为 36°，单击"变形"面板右下角的"⊞（重制选区和变形）"按钮 4 次，得到如图 1-5 所示的图形。

图 1-4　"变形"面板

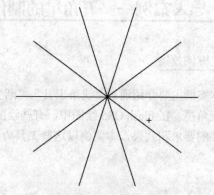

图 1-5　复制旋转直线

（5）选择"椭圆工具"并将"椭圆工具"的"填充颜色"设置为"无"，按住"Shift+Alt"组合键的同时，以直线的交点为中心画正圆，如图 1-6 所示。

（6）用直线将图 1-6 所示的图形连接成如图 1-7 所示的图形。

（7）选择"选择工具"，按住"Shift"键的同时，单击所要删除的直线，如图 1-8 所示，按"Delete"键，将不要的直线删除，如图 1-9 所示。

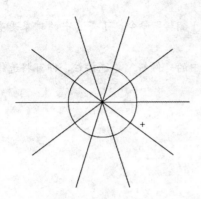

图 1-6　绘制中心圆

图 1-7　直线连接

图 1-8　选择删除直线

图 1-9　五角星

3．填充选择

（1）选择"颜料桶工具"，并将填充颜色设置为"黑红线性渐变"。给五角星填充渐变色如图
1-10 所示。

（2）选择"选择工具"，按"Shift"键的同时，单击五角星的所有绘制直线，这时所有直线将
被选中，如图 1-11 所示。按"Delete"键，将其直线删除，按"Ctrl+Enter"组合键即可查看效果，
如图 1-1 所示。

图 1-10　填充颜色

图 1-11　选择直线

1. 执行"修改 | 变形 | 垂直（水平）翻转"命令，可将选中的对象垂直（水平）翻转。

2. 对象的倾斜：单击"变形"面板中的"倾斜"单选按钮，即可将选中对象旋转或复制一个倾斜的对象。

1.2 导入案例二 绘制圣诞树

1.2.1 案例效果

本案例主要介绍通过"线条工具"、"选择工具"、"椭圆工具"、"颜料桶工具"、"任意变形工具"及"刷子工具"的综合使用来制作圣诞树。在"圣诞树"绘图中，注意"任意变形工具"的灵活使用及"刷子工具"的"刷子形状"和"刷子大小"选项的设定，本案例以这些工具为基础进行绘图。最终案例效果如图 1-12 所示。

图 1-12 "圣诞树"效果

1.2.2 案例目的

在本案例中，主要解决以下问题：

1. "椭圆工具"的使用。
2. "任意变形工具"的使用。
3. "颜料桶工具"的使用。
4. "刷子工具"的使用。

1.2.3 案例操作步骤

1. 绘制雪地背景

（1）选择"文件 | 新建"命令，在弹出的"新建文档"对话框中选择"ActionScript 2.0"，单击"确定"按钮，进入新建文档舞台窗口。按"Ctrl+F3"组合键，弹出文档"属性"面板，将"背景"选项设为"深蓝色（#000066）"，如图 1-13 所示。在"时间轴"面板中，将"图层 1"重新命名为"白色雪地"。

（2）选择"铅笔工具"，选中工具箱下方的"平滑"按钮。在铅笔工具"属性"面板中将"笔触颜色"选项设为"白色"，"笔触高度"选项设为4，如图1-14所示。

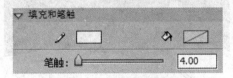

图1-13　"文件属性"设置　　　　　图1-14　"铅笔属性"设置

（3）在舞台窗口的中间位置绘制一条曲线。按住"Shift"键的同时，在曲线下方绘制出3条直线，使曲线与直线形成闭合区域，效果如图1-15所示。选择"颜料桶工具"，在工具箱中将填充色设为白色，在闭合的区域中间单击鼠标填充颜色，效果如图1-16所示。

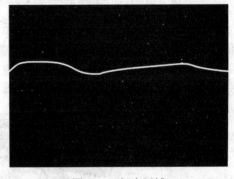

图1-15　闭合区域　　　　　　　　图1-16　填充"白色"

2．绘制圣诞树

（1）在"时间轴"面板中单击"锁定/解除锁定所有图层"按钮，对"白色雪地"图层进行锁定（被锁定的图层不能进行编辑）。单击"时间轴"面板下方的"新建图层"按钮，创建新图层并将其命名为"圣诞树"，如图1-17所示。选择"线条工具"，在工具箱中将"笔触颜色"设为"绿色（#33cc66）"，在场景中绘制出圣诞树的外边线，效果如图1-18所示。

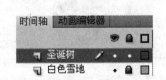

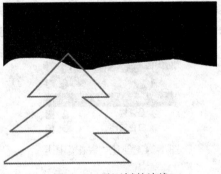

图1-17　新建"圣诞树"图层　　　　图1-18　圣诞树外边线

（2）选择"选择工具"，将光标放在圣诞树左上方边线的中心部位，光标下方出现圆弧形状，这表明可以将该直线转换为弧线，在直线的中心部位按住鼠标并向下拖曳，直线变为弧线，效果如图1-19所示。用相同的方法把圣诞树边线上的所有直线转换为弧线，再绘制两棵小圣诞树，效果如图 1-20 所示。

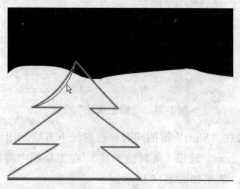

图 1-19　圣诞树外边线转换为弧形　　　　　　　　图 1-20　绘制三棵圣诞树

（3）选择"颜料桶工具"，在工具箱中将"填充颜色"设为"绿色（#33cc66）"，单击圣诞树的边线内部填充颜色，效果如图 1-21 所示。选择"椭圆工具"，在工具箱中将"笔触颜色"设为无，将"填充颜色"设为"黄色（#FFF33）"，如图 1-22 所示。按住"Shift"键的同时，在舞台窗口的左上方绘制出一个圆形作为月亮，效果如图 1-23 所示。

图 1-21　圣诞树填充绿色　　　图 1-22　"填充工具"设置　　　图 1-23　绘制月亮

3．绘制雪花

（1）在"圣诞树"图层中单击"锁定/解除锁定所有图层"按钮，锁定"圣诞树"图层。单击"时间轴"面板下方的"新建图层"按钮，创建新图层并将其命名为"雪花"，如图 1-24 所示。

图 1-24　创建"雪花"图层　　　　　　图 1-25　设置"刷子工具"选项

（2）选择"刷子工具"，在工具箱中将"填充颜色"设为"褐色（#996633）"，在工具箱下方的"刷子大小"选项中将笔刷设为第 6 个，将"刷子形状"选项设为圆形，如图 1-25 所示。在舞台窗口的右侧绘制出栅栏，效果如图 1-26 所示。将"填充颜色"设为"黄色（#FFFF66）"，在工具箱下方的"刷子大小"选项中将笔刷设为第 8 个，将"刷子形状"选项设为水平椭圆形，如图

1-27 所示。在前面的大圣诞树上绘制出一些黄色的装饰彩带，效果如图 1-28 所示。

图 1-26　绘制"栅栏"　　　　　　　　　　　图 1-27　设置"刷子工具"选项

（3）在工具箱下方的"刷子大小"选项中将笔刷设为第 5 个，在后面的小圣诞树上同样绘制出彩带，效果如图 1-29 所示。选择"椭圆工具"，在工具箱中将"笔触颜色"设为"无"，将"填充颜色"设为"白色"，按住"Shift"键的同时，在场景中绘制出一个小圆形，效果如图 1-30 所示。

图 1-28　大圣诞树绘制彩带　　　　　　　　　图 1-29　小圣诞树绘制彩带

（4）按住"Alt"键，选中圆形并向其下方拖曳，可复制当前选中的圆形，效果如图 1-31 所示。选中复制的圆形，并选中"任意变形工具"，在圆形的周围出现 8 个控制点，效果如图 1-32 所示。按住"Alt+Shift"组合键，用鼠标向内侧拖曳右下方的控制点，将圆形缩小，效果如图 1-33 所示。

图 1-30　绘制白色圆形　　　　　　　　　　　图 1-31　复制圆形

图 1-32　圆形周围出现控制点

图 1-33　拖曳控制点缩小圆形

（5）在场景中的任意地方单击，控制点消失，圆形缩小，效果如图 1-34 所示。用相同的方法复制出多个圆形并改变它们的大小，效果如图 1-35 所示。圣诞树绘制完成，按"Ctrl+Enter"组合键即可查看效果。

图 1-34　取消控制点

图 1-35　复制多个圆形并改变大小

使用"任意变形工具"时，按住"Shift"键，拖曳四个角部的控制点可实现等比例缩放。按住"Shift+Alt"组合键，拖曳四个角部的控制点可实现以中心点为中心的等比例缩放。

1.3　导入案例三　绘制水晶按钮

1.3.1　案例效果

本案例主要介绍通过"椭圆工具"、"颜料桶工具"、"柔化填充边缘"命令、"颜色"面板、"库"面板的综合使用来制作水晶按钮。在"水晶按钮"绘图中，注意灵活使用"颜料桶工具"对"椭圆"进行线性填充，本案例以这些工具为基础进行绘图。最终案例效果如图 1-36 所示。

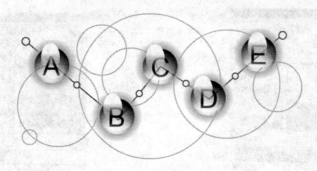

图 1-36　"水晶按钮"效果

1.3.2　案例目的

在本案例中，主要解决以下问题：

1. "椭圆工具"的使用。
2. "颜料桶工具"的使用。
3. "颜色"面板的使用。
4. "柔化填充边缘"命令。

1.3.3　案例操作步骤

1. 绘制按钮元件

（1）选择"文件｜新建"命令，在弹出的"新建文档"对话框中选择"ActionScript 2.0"，单击"确定"按钮，进入新建文档舞台窗口。调出"库"面板，在"库"面板下方单击"新建元件"按钮，弹出"创建新元件"对话框，在"名称"选项文本框中输入"按钮 A"，选择"图形"选项，单击"确定"按钮，新建一个图形元件"按钮 A"，如图 1-37 所示。舞台窗口也随之转换为图形元件的舞台窗口。

（2）选择"椭圆工具"，在工具箱中将笔触颜色设置为"无"，填充色设置为"灰色"，按住"Shift"键的同时，在舞台窗口中绘制一个圆形，选中圆形，在"属性"面板中，将图形的"宽"、"高"选项分别设为 65，效果如图 1-38 所示。选择"窗口｜颜色"命令，弹出"颜色"面板，在"颜色类型"选项的下拉列表中选择"径向渐变"，选中色带上左侧的"颜色指针"，将其设为白色，在"Alpha"选项中将其不透明度设为 0%，如图 1-39 所示。选中色带上右侧的"颜色指针"，将其设为"紫色（#53075F）"，如图 1-40 所示。

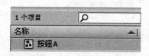

图 1-37　新建"按钮 A"

图 1-38　绘制圆形

图 1-39　"颜色"面板　　　　　　　　图 1-40　设置右侧"颜色指针"的颜色

（3）选择"颜料桶工具"，在"圆形"的下方单击鼠标，将渐变色填充到图形中，效果如图 1-41 所示。选择"椭圆工具"，在工具箱中将"笔触颜色"设置为"无"，"填充颜色"设为"紫色（#DEC7E4）"，按住"Shift"键的同时，在舞台窗口中绘制出第 2 个圆形，选中圆形，在"属性"面板中将宽、高选项分别设为 65，效果如图 1-42 所示。

图 1-41　填充径向渐变颜色　　　　　　图 1-42　绘制第二个圆形

（4）选中圆形，选择"修改｜形状｜柔化填充边缘"命令，弹出"柔化填充边缘"对话框，将"距离"选项设为 30，"步长数"选项设为 30，勾选"扩展"单选项，如图 1-43 所示，单击"确定"按钮，效果如图 1-44 所示。将制作好的渐变图形拖曳到柔化边缘图形的上方，效果如图 1-45 所示。

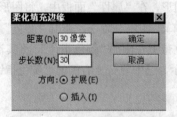 

图 1-43　"柔化填充边缘"对话框　　　　图 1-44　柔化边缘效果

图 1-45　将渐变图形拖曳到柔化边缘图形上方

（5）选择"文本工具"，在"属性"面板中进行设置，在舞台窗口中输入大小为 50，字体为"文鼎霹雳体"的深紫色（#4D004D）字母"A"，效果如图 1-46 所示。在"属性"面板中将背景颜色设为灰色。选择"椭圆工具"，在工具箱中将"笔触颜色"设置为"无"，"填充颜色"设为"白色"，在舞台窗口中绘制出一个椭圆形，效果如图 1-47 所示。

图 1-46　输入字母"A"

图 1-47　绘制"椭圆形"

（6）选择"窗口｜颜色"命令，弹出"颜色"面板，在"颜色类型"选项的下拉列表中选择"线性渐变"，选中色带上左侧的"颜色指针"，将其设为"白色"，在"Alpha"选项中将其不透明度设为 0%，选中色带上右侧的"颜色指针"，将其以为"白色"，如图 1-48 所示。单击"颜色"面板右上方的 按钮，在弹出的菜单中选择"添加样本"命令，将设置好的渐变色添加为样本，如图 1-49 所示。

图 1-48　颜色面板

图 1-49　颜色面板弹出菜单

（7）选择"颜料桶工具"，按住"Shift"键的同时，在椭圆形中由下向上拖曳渐变色，如图 1-50 所示，松开鼠标后，渐变图形效果如图 1-51 所示。选中渐变图形，按"Ctrl+G"组合键，对其进行组合。选择"椭圆工具"，再绘制一个白色的椭圆形，效果如图 1-52 所示。在工具箱中单击"填充颜色"按钮，弹出纯色面板，选择面板下方最后一个色块，即刚才添加的渐变色样本，光标变为吸管，拾取该样本色，如图 1-53 所示。

（8）选择"颜料桶工具"，按住"Shift"键的同时，在椭圆形中由上向下拖曳渐变色，如图 1-54 所示，松开鼠标后，渐变图形效果如图 1-55 所示。选中渐变图形，按"Ctrl+G"组合键，将其进行组合。

（9）将制作的第 1 个椭圆形放置在字母"A"的上半部，并调整图形大小，效果如图 1-56 所示。将制作的第 2 个椭圆形放置在字母"A"的下半部，并调整大小，效果如图 1-57 所示。在"属性"面板中将背景颜色恢复为白色，按钮制作完成，效果如图 1-58 所示。

图 1-50　颜料桶工具

图 1-51　渐变效果

图 1-52　绘制椭圆形

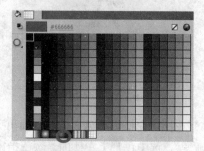

图 1-53　单击"填充颜色"按钮

图 1-54　由上向下拖曳渐变色

图 1-55　渐变效果

图 1-56　将第 1 个椭圆放在字母"A"上部

图 1-57　将第 2 个椭圆放在字母"A"下部

图 1-58　字母"A"效果

2．添加并编辑元件

（1）用相同的方法再制作出按钮元件"按钮 B"、"按钮 C"、"按钮 D"、"按钮 E"，如图 1-59 所示。选择"文件｜导入｜导入到库"命令，在弹出的"导入到库"对话框中选择"学习情境 1｜素材｜绘制水晶按钮｜底图"文件，单击"打开"按钮，文件被导入到"库"面板中，如图 1-60 所示。

图 1-59　库面板

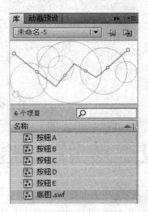

图 1-60　导入素材

（2）单击"时间轴"面板下方的"场景 1"图标 场景1，进入"场景 1"的舞台窗口。选择"选择工具"，将"库"面板中的图形元件"底图"拖曳到舞台窗口的中心位置，效果如图 1-61 所示，并将"图层 1"重新命名为"底图"。

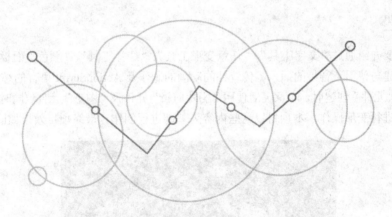

图 1-61　将"底图"拖曳至舞台窗口

（3）单击"时间轴"面板下方的"新建图层"按钮，创建新图层并将其命名为"按钮"，如图 1-62 所示。将"库"面板中的按钮元件"按钮 A"、"按钮 B"、"按钮 C"、"按钮 D"、"按钮 E"拖曳到舞台窗口中，并分别放在合适的位置。透明按钮绘制完成，按"Ctrl+Enter"组合键即可查看效果，如图 1-63 所示。

图 1-62　新建"按钮"图层

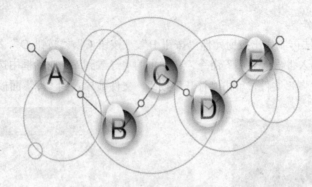

图 1-63 将按钮元件放入舞台窗口

1.4 项目一 春节贺卡制作

发送贺卡是现在人们寄托祝福的一种常见方式，在快节奏的今天，借助发送电子贺卡来表达自己对对方的祝福和情感是越来越多人的选择。电子贺卡有节日类电子贺卡（如"新年贺卡"、"教师节贺卡"等）、祝福类电子贺卡（如"友情贺卡"、"心愿贺卡"等）、爱情类电子贺卡（如"爱的诺言"、"爱的等待"等）、问候类电子贺卡（如"想念你"、"还好吗"等）、主题类电子贺卡（如"世界和平"、"奥运会"等）多种多样的形式，相信大家通过该项目的演练，能够对电子贺卡类的创作得心应手。

1.4.1 项目效果

本项目主要介绍通过"文字工具"、"任意变形工具"、"选择工具"、"颜色"面板、"库"面板、"元件"的创建与使用、音频的插入、传统补间动画的制作及 ActionScript 语言的综合使用来制作春节贺卡。在"元件"创建时，注意灵活使用"影片剪辑"元件及"图形"元件。同时灵活使用"任意变形工具"进行变形操作，本项目以这些内容为基础进行创作。最终项目效果如图 1-64 所示。

图 1-64 "春节贺卡"效果

1.4.2 项目目的

在本项目中，主要解决以下问题：

1. 工具箱中基本绘图工具的熟练使用。

2. 图片的导入。

3. 动画的创建。

4. "ActionScript"命令的简单应用。

1.4.3 项目技术实训

1. 导入图片

（1）选择"文件｜新建"命令，在弹出的"新建文档"对话框中选择"ActionScript 2.0"，单击"确定"按钮，进入新建文档舞台窗口。按"Ctrl+F3"组合键，弹出"属性"面板，单击"大小"右侧的"编辑"按钮，弹出"文档设置"对话框，将舞台宽度设为 450 像素，高度设为 300 像素，将背景颜色设为"红色（#FF0000）"，单击"确定"按钮，效果如图 1-65 所示。

（2）在"属性"面板中，单击"配置文件"右侧的"编辑"按钮，弹出"发布设置"对话框，选择"Flash"选项卡，将"播放器"设置为"Flash Player 10"，将"脚本"设置为"ActionScript 2.0"，如图 1-66 所示。

图 1-65　文档属性设置

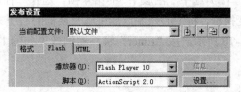

图 1-66　"Flash"选项卡设置

（3）选择"文件｜导入｜导入到库"命令，在弹出的"导入到库"对话框中选择"学习情境 1｜素材｜春节贺卡"文件夹下的所有文件，单击"打开"按钮，这些图片都被导入到"库"面板中，效果如图 1-67 所示。

2. 制作人物拜年效果

（1）在"库"面板下方单击"新建元件"按钮，弹出"创建新元件"对话框，在"名称"选项的文本框中输入"人物动"，在"类型"下拉列表中选择"影片剪辑"选项，单击"确定"按钮，新建影片剪辑元件"人物动"，如图 1-68 所示，舞台窗口也随之转换为影片剪辑元件的舞台窗口。

图 1-67　导入图片到"库"面板

图 1-68　新建影片剪辑元件

（2）将"库"面板中的图形元件"人物"和"手臂"拖曳到舞台窗口中，效果如图 1-69 所示，选中"图层 1"的第 6 帧，按"F5"键，在该帧上插入普通帧。选中"图层 1"的第 4 帧，按"F6"键，在该帧上插入关键帧。

图 1-69　"人物动"元件

（3）选中"图层 1"的第 4 帧。选择"任意变形工具"，在舞台窗口中选中"手臂"实例，出现变换框，将中心控制点拖曳到变换框的右下方。调出"变形"面板，在面板中进行设置，效果如图 1-70 所示。按"Enter"键，实例效果如图 1-71 所示。

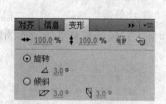

图 1-70　"变形"面板

图 1-71　手臂旋转效果

3. 制作文字动画

（1）单击"新建元件"按钮，新建影片剪辑元件"文字 1"。选择"文本工具"，在"属性"面板中进行设置，如图 1-72 所示，在舞台窗口中输入黄色（#FFFF00）文字，效果如图 1-73 所示。

（2）选中"图层 1"的第 2 帧，在该帧上插入关键帧。选择"任意变形工具"，将文字顺时针旋转到合适角度，效果如图 1-74 所示。

（3）用相同的方法制作影片剪辑元件"文字 2"，输入的文字为"心想事成"，旋转方向为逆时针，效果如图 1-75 所示。

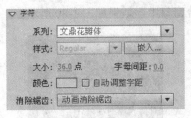

图 1-72　文本属性设置

图 1-73　输入黄色文字

图 1-74　顺时针旋转文字

图 1-75　逆时针旋转文字

4．绘制烛火图形

（1）单击"新建元件"按钮，新建图形元件"烛火"。选择"窗口｜颜色"命令，弹出"颜色"面板，将"填充颜色"设为无，选中"笔触颜色"按钮，在右侧下拉列表中选择"径向渐变"，在色带上设置 6 个色块，将色块全部设为白色，分别选中色带上的第 1、第 3、第 4、第 6 个色块，将"Alpha"选项设置为 0%，如图 1-76 所示。

（2）选择"椭圆工具"，在其"属性"面板中将"笔触大小"选项设为 10，在舞台窗口中绘制一个圆形，效果如图 1-77 所示。

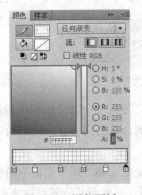

图 1-76　颜色面板

图 1-77　绘制圆形

（3）选择"椭圆工具"，在其"属性"面板中将"笔触颜色"设为"黄色（#FFFF00）"，"填充颜色"设为"红色（#FF0000）"，在其"属性"面板中将"笔触大小"设为 3，在舞台窗口中绘制一个椭圆形，效果如图 1-78 所示。

（4）选择"选择工具"，将鼠标指针放在椭圆形边线上，拖曳椭圆形边线将其变形。选中椭圆形，选择"任意变形工具"，将其调整到合适的大小并放置到白色圆环内，效果如图 1-79 所示。

5．制作灯笼动的效果

（1）单击"新建元件"按钮，新建影片剪辑元件"灯笼动"。将"图层 1"重新命名为"灯笼穗"。将"库"面板中的图形元件"灯笼穗"拖曳到舞台窗口中，效果如图 1-80 所示。

图 1-78　绘制椭圆形

图 1-79　"烛火"图形

（2）分别选中"灯笼穗"图层的第 10 帧和第 20 帧，在选中的帧上插入关键帧。选中"灯笼穗"图层的第 10 帧，在舞台窗口中选中"灯笼穗"实例，选中"任意变形工具"，在按住"Alt"键的同时，将变换框下端中间控件点向左拖曳，如图 1-81 所示。

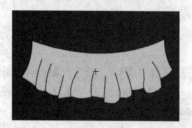

图 1-80　"灯笼穗"实例

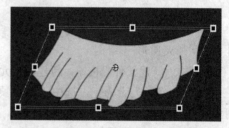

图 1-81　变形操作

（3）分别右击"灯笼穗"图层的第 1 帧和第 10 帧，在弹出的菜单中选择"创建传统补间"命令，生成传统补间动画，效果如图 1-82 所示。

图 1-82　创建"传统补间动画"

（4）在"时间轴"面板中，创建新图层并将其命名为"灯笼"。将"库"面板中的图形元件"灯笼"拖曳到舞台窗口中，选择"任意变形工具"，将其调整到合适的大小并放置到适当的位置，效果如图 1-83 所示。

（5）在"时间轴"面板中创建新图层并将其命名为"烛火"。将"库"面板中的图形元件"烛火"拖曳到舞台窗口中，选择"任意变形工具"，将其调整到合适大小并放置到灯笼内，在"属性"面板中将"Alpha"值设为 30%，舞台窗口效果如图 1-84 所示。

（6）分别选中"烛火"图层的第 10 帧和第 20 帧，在选中的帧上插入关键帧。选中"烛火"图层的第 10 帧，在舞台窗口中选中"烛火"实例，选择"任意变形工具"将其适当放大。分别右击"烛火"图层的第 1 帧和第 10 帧，在弹出的菜单中选择"创建传统补间"命令，生成传统补间动画，效果如图 1-85 所示。

（7）单击"新建元件"按钮，新建影片剪辑元件"灯笼动 2"。将"库"面板中的影片剪辑元件"灯笼动"向舞台窗口中拖曳两次，效果如图 1-86 所示。

图 1-83   调整灯笼位置及大小

图 1-84   放置"烛火"图形

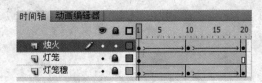

图 1-85   创建"烛火"动画

图 1-86   两个灯笼效果

6. 制作动画效果

（1）单击"时间轴"面板下方的"场景1"图标，进入"场景1"的舞台窗口。将"图层1"重新命名为"背景图"。将"库"面板中的图形元件"背景图"拖曳到舞台窗口中，效果如图 1-87 所示。选中"背景图"图层的第50帧，在该帧上插入普通帧。

（2）在"时间轴"面板中创建新图层并将其命名为"福字"。将"库"面板中的图形元件"福字"拖曳到舞台窗口的右侧外面，选择"任意变形工具"调整"福字"实例的大小，如图 1-88 所示。

（3）选中"福字"图层的第12帧，在该帧上插入关键帧。在舞台窗口中选中"福字"实例，按住"Shift"键的同时，将其水平向左拖曳到舞台窗口中间，效果如图 1-89 所示。右击"福字"图层的第1帧，在弹出的菜单中选择"创建传统补间"命令，生成传统补间动画，如图 1-90 所示。调出"属性"面板，选中"旋转"下拉列表中的"顺时针"选项。

图 1-87　背景图

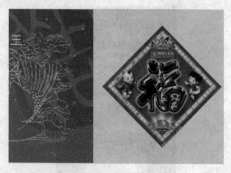

图 1-88　福字

图 1-89　"福字"移到舞台中间

图 1-90　创建传统补间动画

（4）选中"福字"图层的第 18 帧，在该帧上插入关键帧。在舞台窗口中选中"福字"实例，选择"任意变形工具"，将其倒转，效果如图 1-91 所示。右击"福字"图层的第 12 帧，在弹出的菜单中选择"创建传统补间"命令，生成传统补间动画。

（5）在"时间轴"面板中创建新图层并将其命名为"灯笼"。选中"灯笼"图层的第 39 帧，在该帧上插入关键帧。将"库"面板中的影片剪辑元件"灯笼动 2"拖曳到舞台窗口中，选择"任意变形工具"，将其调整到合适大小并放置到舞台窗口右上方，效果如图 1-92 所示。

（6）选中"灯笼"图层的第 44 帧，在该帧上插入关键帧。在舞台窗口中选中"灯笼动 2"实例，按住"Shift"键的同时，将其垂直向下拖曳到舞台窗口中，效果如图 1-93 所示。右击"灯笼"图层的第 39 帧，在弹出的菜单中选择"创建传统补间"命令，生成传统补间动画，效果如图 1-94所示。

（7）在"时间轴"面板中创建新图层并将其命名为"人物"。选中"人物"图层的第 46 帧，在该帧上插入关键帧。将"库"面板中的影片剪辑元件"人物动"拖曳到舞台窗口中，效果如图1-95 所示。

图1-91　将"福字"倒转

图1-92　放置"灯笼"至窗口右上方

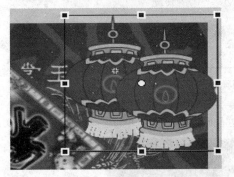

图1-93　移动"灯笼"

图1-94　创建"灯笼"动画

图1-95　将元件"人物动"拖曳到舞台窗口

　　（8）分别选中"人物"图层的第48帧和第50帧，在选中的帧上插入关键帧。选中"人物"图层的第48帧，在舞台窗口中选中"人物动"实例，选择"任意变形工具"，按住"Shift"键的同时，将其等比例放大。效果如图1-96所示。

　　（9）分别右击"人物"图层的第46帧和第48帧，在弹出的菜单中选择"创建传统补间"命令，生成传统补间动画，效果如图1-97所示。

　　（10）在"时间轴"面板中创建新图层并将其命名为"文字1"。选中"文字1"图层的第18帧，在该帧上插入关键帧。将"库"面板中的影片剪辑元件"文字1"拖曳到舞台窗口左侧外面偏上的位置，效果如图1-98所示。

图 1-96　元件"人物动"等比例放大

图 1-97　创建动画

图 1-98　放入"文字 1"

（11）选中"文字 1"图层的第 23 帧，在该帧上插入关键帧。在舞台窗口中选中"文字 1"实例，按住"Shift"键的同时，将其水平向右拖曳到舞台窗口中"福字"实例左侧，效果如图 1-99 所示。

图 1-99　"文字 1"移到"福字"左侧

（12）选中"文字 1"图层的第 31 帧，在该帧上插入关键帧。在舞台窗口中选中"文字 1"实例，按住"Shift"键的同时，将其稍向右水平拖曳，效果如图 1-100 所示。

图 1-100   向右移动"文字 1"

（13）选中"文字 1"图层的第 37 帧，在该帧上插入关键帧。在舞台窗口中选中"文字 1"实例，按住"Shift"键的同时，将其水平拖曳到舞台窗口的右侧外面，效果如图 1-101 所示。

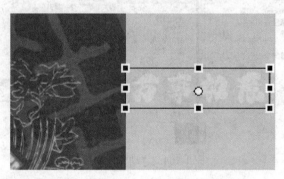

图 1-101   移动"文字 1"至舞台窗口右侧

（14）分别右击"文字 1"图层的第 18 帧、第 23 帧和第 31 帧，在弹出的菜单中选择"创建传统补间"命令，生成传统补间动画。效果如图 1-102 所示。在"时间轴"面板中创建新图层并将其命名为"文字 2"。用相同的方法设置"文字 2"实例，将其从舞台窗口右侧外面的偏下位置移到左侧外面的偏下位置进行操作。"时间轴"面板中的效果如图 1-103 所示。

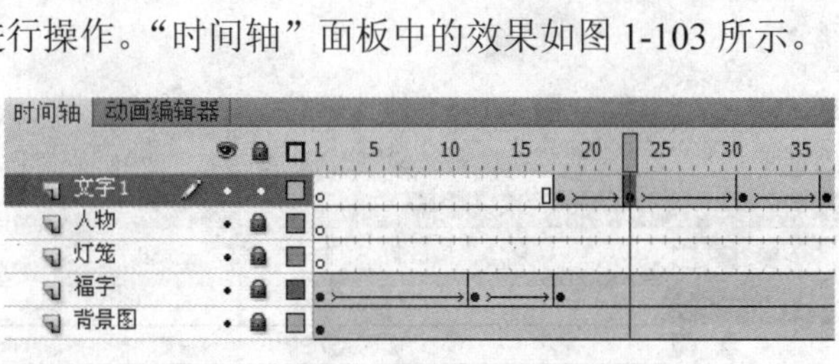

图 1-102   "时间轴"设置

（15）在"时间轴"面板中创建新图层并将其命名为"声音"。将"库"面板中的声音文件"背景音乐"拖曳到舞台窗口。

（16）在"时间轴"面板中创建新图层并将其命名为"动作脚本"。选中"动作脚本"图层的

第 50 帧，在该帧上插入关键帧，选择菜单"窗口 | 动作"命令，弹出"动作"面板，在面板的左上方将脚本语言版本设置为"ActionScript 1.0&2.0"，单击"将新项目添加到脚本中"按钮，在弹出的菜单中选择"全局函数 | 时间轴控制 | stop"命令，如图 1-104 所示。在脚本窗口中显示出选择的脚本语言，如图 1-105 所示。设置完成动作脚本后，关闭"动作"面板。在"动作脚本"图层的第 50 帧上显示出标记"a"，如图 1-106 所示。春节贺卡制作完成，按"Ctrl+Enter"组合键即可查看效果，如图 1-107 所示。

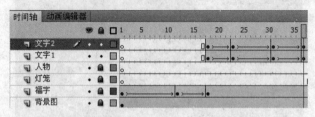

图 1-103　"时间轴"设置效果

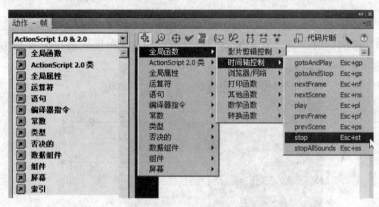

图 1-104　"动作"面板

图 1-105　输入语句

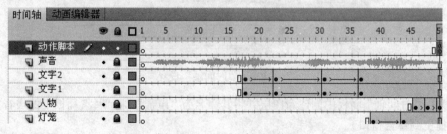

图 1-106　"时间轴"面板

图 1-107　运行效果

1.5　项目拓展　生日贺卡制作

1.5.1　项目效果

　　本项目是"贺卡"类创作的拓展与延伸，进一步介绍使用"颜色"面板制作发光效果，使用"动作"面板添加脚本语言，使用"变形"面板制作图像倾斜效果，使用"属性"面板为声音添加循环效果，使用"库"面板创建"影片剪辑"元件及"图形"元件，使用"创建传统补间"动画命令创建动画效果。本项目以这些内容为基础进行创作，使学生掌握"贺卡"类的创作方法与流程，最终能够根据客户需求及市场调研结果，设计出对应市场的"贺卡"类动画产品，最终项目效果如图 1-108 所示。

图 1-108　"生日贺卡"效果

1.5.2　项目目的

　　在本项目中，主要解决以下问题：

1. 工具箱中基本绘图工具的熟练使用。
2. 使用"颜色"面板制作发光效果。
3. 使用"属性"面板为声音添加循环效果。
4. 使用"ActionScript"脚本语言停止动画的播放。

1.5.3 项目技术实训

1. 导入图片

（1）选择"文件｜新建"命令，在弹出的"新建文档"对话框中选择"ActionScript 2.0"，单击"确定"按钮，进入新建文档舞台窗口。按"Ctrl+F3"组合键，弹出"属性"面板，单击"大小"右侧的"编辑"按钮，弹出"文档设置"对话框，将舞台宽度设为 450 像素，高度设为 300 像素，将背景颜色设为"蓝色（#66CCFF）"，单击"确定"按钮，效果如图 1-109 所示。

（2）在"属性"面板中，单击"配置文件"右侧的"编辑"按钮，弹出"发布设置"对话框，选择"Flash"选项卡，将"播放器"设置为"Flash Player 10"，将"脚本"设置为"ActionScript 2.0"，如图 1-110 所示。

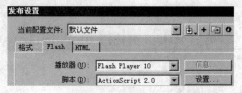

图 1-109　文档属性设置图　　　　　　　　　1-110　"Flash"选项卡设置

（3）选择"文件｜导入｜导入到库"命令，在弹出的"导入到库"对话框中选择"学习情境 1｜素材｜生日贺卡"文件夹下的所有文件，单击"打开"按钮，这些图片都被导入到"库"面板中。

（4）在"库"面板下方单击"新建元件"按钮，弹出"创建新元件"对话框，在"名称"选项的文本框中输入"文字"，在"类型"下拉列表中选择"图形"选项，单击"确定"按钮，新建图形元件"文字"，如图 1-111 所示，舞台窗口也随之转换为图形元件的舞台窗口。

（5）选择"文本工具"，在"属性"面板中进行设置，在舞台窗口中输入红色（#FF0000）文字"快乐时刻"，效果如图 1-112 所示。

图 1-111　新建图形元件

（6）在"时间轴"面板中，创建新图层并将"图层 2"其拖曳至"图层 1"的下方。选择"矩形工具"，在工具箱中将"笔触颜色"设为"橙色（#FF9900）"，"填充色"设为"黄色（#FFFF99）"，在舞台窗口中绘制两个矩形，效果如图 1-113 所示。

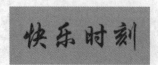

图 1-112　输入红色文字

图 1-113　创建两个矩形

2. 绘制烛光效果

（1）在"库"面板下方单击"新建元件"按钮，弹出"创建新元件"对话框，在"名称"选项的文本框中输入"烛光"，在"类型"下拉列表中选择"图形"选项，单击"确定"按钮，新建图形元件"烛光"，舞台窗口也随之转换为图形元件的舞台窗口。选择"窗口｜颜色"命令，弹出"颜色"面板，选中"填充颜色"选项，在"颜色类型"选项的下拉列表中选择"径向渐变"，在色带上设置 3 个"颜色指针"，选中色带上两侧"颜色指针"，将其设为"红色（#FD1B02）"，在"Alpha"选项中将两侧"颜色指针"的不透明度设置为 0%，选中色带上中间的"颜色指针"，将其设为"黄绿色（#D0FF11）"，其不透明度为 100%，如图 1-114 所示。

（2）选择"椭圆工具"，在工具箱中将"笔触颜色"设为无，按住"Shift+Alt"组合键的同时，用鼠标在舞台窗口中绘制一个圆环，效果如图 1-115 所示。

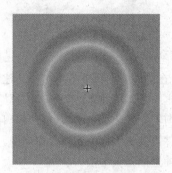

图 1-114 　"颜色"面板 　　　　　　　　　　　图 1-115 　绘制圆环

（3）调出"颜色"面板，选中"填充颜色"选项，在"颜色类型"选项的下拉列表中选择"径向渐变"，在色带上设置 2 个"颜色指针"，选中色带上左侧的"颜色指针"，将其设为"白色"，在"Alpha"选项中将其不透明度设置为 60%，选中色带上右侧的"颜色指针"，将其设为"白色"，其不透明度为 0%，效果如图 1-116 所示。选择"椭圆工具"，在工具箱中将"笔触颜色"设为无，按住"Shift+Alt"组合键的同时，在圆环中绘制白色渐变圆形，效果如图 1-117 所示。

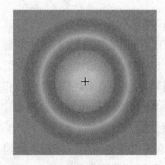

图 1-116 　"颜色"面板 　　　　　　　　　　　图 1-117 　绘制白色渐变圆形

（4）在"库"面板下方单击"新建元件"按钮，弹出"创建新元件"对话框，在"名称"选项的文本框中输入"烛火"，在"类型"下拉列表中选择"图形"选项，单击"确定"按钮，新建图形元件"烛火"，舞台窗口也随之转换为图形元件的舞台窗口。选择"钢笔"工具，在舞台窗口中绘制一条闭合的轮廓线。选择"颜料桶工具"，在工具箱中将"填充颜色"设为白色，在轮廓线中单击鼠标进行填充。用"选择工具"在轮廓线上双击，将轮廓线选中并删除，效果如图 1-118 所示。

（5）选中不规则图形，按住"Alt"键的同时向外拖曳图形，将其复制，在工具箱中将"填充颜色"设为"橙色（#FF9900）"，复制出的图形被填充为橙色。选择"任意变形工具"，将橙色图形缩小，并放置到白色图形内，效果如图 1-119 所示。

图 1-118　绘制"烛火"

图 1-119　复制图形

（6）在"库"面板下方单击"新建元件"按钮，弹出"创建新元件"对话框，在"名称"选项的文本框中输入"烛光动"，在"类型"下拉列表中选择"影片剪辑"选项，单击"确定"按钮，新建影片剪辑元件"烛光动"，舞台窗口也随之转换为影片剪辑元件的舞台窗口。将"库"面板中的图形元件"烛光"拖曳到舞台窗口中。分别选中"图层 1"的第 13 帧和第 25 帧，按"F6"键，在选中的帧上插入关键帧。

（7）选中"图层 1"的第 13 帧，在舞台窗口中选中"烛光"实例元件，按住"Shift"键的同时，将其等比例放大。分别右击"图层 1"的第 1 帧和第 13 帧，在弹出的菜单中选择"创建传统补间"命令，效果如图 1-120 所示。

图 1-120　时间轴

3. 制作蜡烛效果

（1）在"库"面板下方单击"新建元件"按钮，弹出"创建新元件"对话框，在"名称"选项的文本框中输入"黄蜡烛"，在"类型"下拉列表中选择"影片剪辑"选项，单击"确定"按钮，新建影片剪辑元件"黄蜡烛"，舞台窗口也随之转换为影片剪辑元件的舞台窗口。将"库"面板中的图形元件"黄蜡烛"拖曳到舞台窗口中。效果如图 1-121 所示。选中"图层 1"的第 6 帧，按"F5"键，在该帧上插入普通帧。

（2）单击"新建图层"按钮，新建"图层 2"。将"库"面板中的图形元件"烛火"拖曳到舞台窗口中，选择"任意变形工具"，将其调整到合适的大小，如图 1-122 所示。选择"选择工具"，选中"图层 2"的第 4 帧，按"F6"键，在该帧上插入关键帧。在舞台窗口中选择"烛火"实例，按"Ctrl+T"组合键，调出"变形"面板，选中"倾斜"单选项，将"垂直倾斜"选项设为 180 度，如图 1-123 所示。舞台窗口中的效果如图 1-124 所示。

图 1-121　黄蜡烛

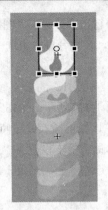

图 1-122　调整"烛火"大小

图 1-123　"变形"面板

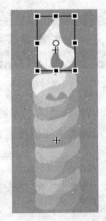

图 1-124　"烛火"效果

（3）单击"新建图层"按钮，新建"图层 3"，并将其拖曳到"图层 1"下方。将"库"面板中的影片剪辑元件"烛光动"拖曳到舞台窗口中，选择"任意变形工具"，将其调整到合适的大小，效果如图 1-125 所示。用相同的方法继续制作影片剪辑元件"蓝蜡烛"和"橙蜡烛"，如图 1-126 所示。

图 1-125　"烛光动"放入舞台

图 1-126　制作蓝蜡烛和橙蜡烛

4．添加动作脚本

（1）单击"新建元件"按钮，新建影片剪辑元件"樱桃 1"，将"库"面板中的图形元件"樱桃"拖曳到舞台窗口中。选中"图层 1"的第 7 帧，按"F6"键，在该帧上插入关键帧。选中"图层 1"的第 1 帧，在舞台窗口中选中"樱桃"实例，按住"Shift"键的同时，将其垂直向上拖曳到合适的位置。

（2）右击"图层 1"的第 1 帧，在弹出的菜单中选择"创建传统补间"命令，生成传统补间动画，效果如图 1-127 所示。单击"新建图层"按钮，新建"图层 2"，选中"图层 2"的第 7 帧，按"F6"键，在该帧上插入关键帧。选择菜单"窗口｜动作"命令，弹出"动作"面板，在面板的左上方将脚本语言版本设置为"ActionScript 1.0&2.0"，单击"将新项目添加到脚本中"按钮，在弹出的菜单中选择"全局函数｜时间轴控制｜stop"命令，在脚本窗口显示出选择的脚本语言，如图 1-128 所示。

图 1-127　"创建传统补间"动画

图 1-128　"动作脚本"窗口

（3）用相同的方法继续制作影片剪辑元件"樱桃 2"，如图 1-129 所示。在舞台窗口中只需要将"樱桃"实例元件适当倾斜即可，效果如图 1-130 所示。

图 1-129　制作樱桃 2

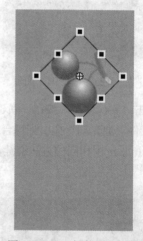

图 1-130　"樱桃 2"倾斜

5．进入场景制作贺卡

（1）单击"时间轴"面板下方的"场景 1"图标，进入"场景 1"的舞台窗口。将"图层 1"重新命名为"蜡烛"。选择"铅笔工具"，在工具箱中将"笔触颜色"设为"白色"，在舞台窗口中绘制一个闭合不规则路径，效果如图 1-131 所示。选择"颜料桶工具"，在工具箱中将"填充颜色"设为"白色"，在路径中单击鼠标，用白色填充路径，效果如图 1-132 所示。

（2）分别将"库"面板中的影片剪辑元件"黄蜡烛"、"蓝蜡烛"、"橙蜡烛"拖曳到舞台窗口中，并调整到合适的大小，效果如图 1-133 所示。选中"蜡烛"图层的第 65 帧，按"F5"键，在该帧上插入普通帧。

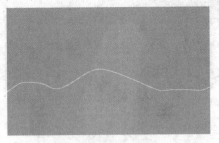

图 1-131　封闭路径

图 1-132　填充"白色"

（3）在"时间轴"面板中创建新图层并将其命名为"樱桃 1"。选中"樱桃 1"图层的第 48 帧，在该帧上插入关键帧。将"库"面板中的影片剪辑元件"樱桃 1"向舞台窗口中拖曳 2 次，效果如图 1-134 所示。

图 1-133　放入三个"蜡烛"

图 1-134　拖入"樱桃 1"

（4）在"时间轴"面板中创建新图层并将其命名为"樱桃 2"。选中"樱桃 2"图层的第 42 帧，在该帧上插入关键帧。将"库"面板中的影片剪辑元件"樱桃 1"拖曳到舞台窗口中 1 次，将"库"面板中的影片剪辑元件"樱桃 2"拖曳到舞台窗口中 2 次，效果如图 1-135 所示。

（5）在"时间轴"面板中创建新图层并将其命名为"樱桃 3"。选中"樱桃 3"图层的第 45 帧，在该帧上插入关键帧。将"库"面板中的影片剪辑元件"樱桃 1"拖曳到舞台窗口中 2 次，效果如图 1-136 所示。

图 1-135　拖入"樱桃 1"及"樱桃 2"

图 1-136　拖入"樱桃 1"

（6）在"时间轴"面板中创建新图层并将其命名为"文字"。选中"文字"图层的第 51 帧，在该帧上插入关键帧。将"库"面板中的图形元件"文字"拖曳到舞台窗口上方，选择"任意变形工具"，将其适当旋转，效果如图 1-137 所示。

（7）选择"选择工具"，选中"文字"图层的第 53 帧，在该帧上插入关键帧。在舞台窗口中选中"文字"实例，按住"Shift"键的同时，将其垂直向下拖曳到舞台窗口的下方，效果如图 1-138 所示。

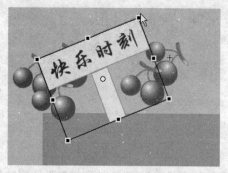

图 1-137　将"文字"拖动至左上方并旋转

图 1-138　将"文字"垂直向下移动

（8）右击"文字"图层的第 51 帧，在弹出的菜单中选择"创建传统补间"命令，生成传统补间动画，如图 1-139 所示。选中"文字"图层的第 51 帧，调出帧"属性"面板，将"缓动"选项设为"-100"，如图 1-140 所示。

图 1-139　"时间轴"面板

图 1-140　"属性"设置

（9）在"时间轴"面板中创建新图层并将其命名为"蛋糕"。选中"蛋糕"图层的第 25 帧，在该帧上插入关键帧。将"库"面板中的图片"蛋糕"拖曳到舞台窗口上方，选择"任意变形工具"，将其适当调整大小，效果如图 1-141 所示。选中"蛋糕"图层的第 30 帧，在该帧上插入关键帧，按住"Shift"键的同时，将其垂直向下拖曳到舞台窗口的下方，选中该层的第 25 帧，单击鼠标右键，从弹出的对话框中选择"创建传统补间"命令，效果如图 1-142 所示。

图 1-141　将"蛋糕"移到窗口上方

图 1-142　将"蛋糕"移到窗口下方

（10）在"时间轴"面板中创建新图层并将其命名为"气球"。选中"气球"图层的第 55 帧，在该帧上插入关键帧。将"库"面板中的图片"气球"拖曳到舞台窗口左上方，选择"任意变形工具"，将其适当调整大小，效果如图 1-143 所示。选中"气球"图层的第 58 帧及第 60 帧，插入关键帧。选中第 58 帧，将其向右拖曳到舞台窗口的右方，效果如图 1-144 所示。右击"气球"图层的第 55 帧和第 58 帧，在弹出的菜单中选择"创建传统补间"命令，生成传统补间动画。

图 1-143　将"气球"移到窗口上方

图 1-144　将"蛋糕"移到窗口右方

（11）在"时间轴"面板中创建新图层并将其命名为"声音"。将"库"面板中的声音文件"生日歌"拖曳到舞台窗口中。选中"声音"图层的第1帧，调出帧"属性"面板，选中"同步"选项下拉列表中的"事件"和"循环"选项，如图 1-145 所示。

（12）在"时间轴"面板中创建新图层并将其命名为"动作脚本"。选中"动作脚本"图层的第 65 帧，在该帧上插入关键帧，选择"窗口│动作"命令，弹出"动作"面板，在面板的左上方将脚本语言版本设置为"ActionScript 1.0&2.0"，单击"将新项目添加到脚本中"按钮，在弹出的菜单中选择"全局函数│时间轴控制│stop"命令，在脚本窗口中显示出选择的脚本语言，如图 1-146 所示。生日贺卡制作完成，按"Ctrl+Enter"组合键即可查看效果，如图 1-147 所示。

图 1-145　属性"面板

图 1-146　输入语句

图 1-147　运行效果

1.6　学习情境小结

本学习情境通过案例导入及项目实战，使同学们能够熟练运用 Flash CS5 的典型工具及相应的属性面板完成动画的创作。大家可以根据自己的需要选择背景图片、祝福语、音乐、主题等，通过本学习情境的学习，轻松达到想要的电子贺卡效果。使电子贺卡在传递"含蓄"的表白和祝福的同时，又形成了自己独特的文化内涵，加强了人们之间的相互尊重与体贴。

1.7　学习情境练习一

1. 拓展能力训练项目——友情贺卡。
- 项目任务

  设计制作一张友情贺卡。
- 客户要求

  以"冬天的思念"为主题，设计一张 550*400 像素的照片，以寄托对朋友的关怀和思念。
- 关键技术
  - ➢ 情景交融。
  - ➢ 动画节奏及时间控制。
  - ➢ 绘图工具的灵活使用。
- 参照效果图

  友情贺卡的最终制作效果如图 1-148 所示。

图 1-148　友情贺卡效果图

2. 拓展能力训练项目——教师节贺卡。
- 项目任务

  设计制作一张教师节贺卡。
- 客户要求

  以"教师节"为主题，设计一张 450*300 像素的照片，以寄托对老师的关怀和感激。
- 关键技术
  - ➢ 影片剪辑元件的创建。
  - ➢ 声音的插入控制。
  - ➢ 绘图工具的灵活使用。
- 参照效果图

  教师节贺卡的最终效果如图 1-149 所示。

图 1-149　教师节贺卡效果图

学习情境二

广告制作

 教学要求

学习情境	学习内容	能力要求
导入案例一：皮鞋广告制作	① Flash CS5 基本操作	① 掌握 Flash CS5 的使用方法
导入案例二：手表广告制作	② 各种绘图工具	② 熟练掌握常用工具的使用方法
导入案例三：钻戒广告制作	③ Alpha 的应用	③ 掌握相应动画的创建方法
项目一：化妆品广告制作	④ 动画制作	④ ActionScript 语言的基本应用方法
扩展项目：玩具广告制作	⑤ ActionScript 语言	⑤ 根据客户需要完成广告的制作

2.1 导入案例一 皮鞋广告制作

2.1.1 案例效果

　　本案例主要介绍通过"文本工具"、"创建传统补间动画"、"图片元件"等命令的使用来创建文字移动动画效果的皮鞋广告，各种文字动画效果的使用在 Flash 广告制作中应用得非常普遍，本案例就应用这些工具和命令进行文字移动效果的制作。最终案例效果如图 2-1 所示。

图 2-1　广告主界面

2.1.2 案例目的

在本案例中，主要解决以下问题：

1. "文本工具"的使用，设置文本的各项属性。

2. "创建传统补间动画"命令的使用，属性的更改。

3. "元件"的创建和使用，元件分为图形、按钮、影片剪辑三种类型。

2.1.3 案例操作步骤

1. 导入背景图片

（1）选择"文件 | 新建"命令，在弹出的"新建文档"对话框中选择"ActionScript 2.0"，单击"确定"按钮，进入新建文档舞台窗口。按"Ctrl+F3"组合键，弹出文档"属性"面板，设置大小为"743*225"，将"背景"选项设为"白色（#FFFFFF）"，如图 2-2 所示。

（2）选择"文件 | 导入 | 导入到库"命令，在弹出的"导入到库"对话框中选择"学习情境 2 | 素材 | 皮鞋广告"文件夹下的"背景"图片，单击"打开"按钮，图片被导入到"库"面板中，效果如图 2-3 所示。

图 2-2 文档属性　　　　　　　　　　图 2-3 "库"面板

（3）在"时间轴"面板中将"图层 1"重新命名为"背景"，在第 1 帧处将"背景"图片从库面板中拖入舞台，在第 140 帧处插入帧，如图 2-4 所示。

图 2-4 "背景"图层

2. 创建文本图形元件

（1）按"Ctrl+F8"组合键，创建一个名为"文字"的图形元件。

（2）在"文字"图形元件的编辑窗口中选择"文本工具"，在"属性"面板中进行设置，在舞台窗口中输入大小为 20，字体为"华文琥珀"的褐色（#993300）文字"骆驼皮鞋使您足下生辉"，文字设置如图 2-5 所示，效果如图 2-6 所示。

图 2-5　文字设置

骆驼皮鞋使您足下生辉

图 2-6　文字效果

3. 设置动画并测试

（1）回到主场景，新建一个图层，命名为"文字"，在第 1 帧将库面板中的"文字"元件导入到舞台中背景图的左外侧，如图 2-7 所示，之后分别在第 70 帧和第 140 帧处插入关键帧，在第 70 帧处将元件移动到背景左中部，如图 2-8 所示，之后分别设置传统补间动画如图 2-9 所示。

图 2-7　第 1 帧文字位置

图 2-8　第 70 帧文字位置

图 2-9　设置传统补间动画

（2）按"Ctrl+Enter"组合键即可查看效果，如图 2-1 所示。

2.2　导入案例二　手表广告制作

2.2.1　案例效果

本案例主要介绍通过"对齐工具"、"Alpha 设置"、"影片剪辑"类型元件的综合使用来制作图片淡入淡出效果的手表广告。在图片淡入淡出制作中，注意"对齐工具"的使用及"Alpha"的面板设置，本案例以这些工具为基础进行制作。最终案例效果如图 2-10 所示。

图 2-10 "手表广告"最终效果

2.2.2 案例目的

在本案例中，主要解决以下问题：
1. "对齐工具"的使用。
2. "任意变形工具"的使用。
3. "Alpha"的设置。
4. "影片剪辑"元件的使用。

2.2.3 案例操作步骤

1. 导入背景图片

选择"文件 | 新建"命令，在弹出的"新建文档"对话框中选择"ActionScript 2.0"，单击"确定"按钮，进入新建文档舞台窗口。按"Ctrl+F3"组合键，弹出文档"属性"面板，默认设置大小为"550*400"，将"背景"选项设为"白色（#FFFFFF）"，如图 2-11 所示。在"时间轴"面板中将"图层 1"重新命名为"背景"，选择"文件 | 导入 | 导入到舞台"命令，将"背景"图片导入到舞台中，如图 2-12 所示，通过对齐面板中匹配大小下的"匹配宽度"、"匹配高度"按钮将背景图片与舞台大小匹配，如图 2-13 所示，通过对齐面板中的"水平居中"、"垂直居中"按钮，使背景图片与舞台对齐，在第 120 帧处插入帧，如图 2-14 所示。

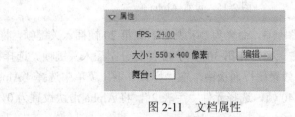

图 2-11 文档属性

图 2-12　对齐面板匹配大小按钮　　　　　　　图 2-13　对齐面板的对齐按钮

图 2-14　背景图层

2.　创建图片影片剪辑元件

（1）按"Ctrl+F8"组合键，创建一个名为"手表 1"的影片剪辑类型元件，进入其编辑窗口。

（2）将库中的图片"手表 1"拖入其中。

（3）按"Ctrl+F8"组合键，创建一个名为"手表 2"的影片剪辑类型元件，进入其编辑窗口。

（4）将库中的图片"手表 2"拖入其中。

（5）按"Ctrl+F8"组合键，创建一个名为"手表 3"的影片剪辑类型元件，进入其编辑窗口。

（6）将库中的图片"手表 3"拖入其中。

（7）按"Ctrl+F8"组合键，创建一个名为"手表 4"的影片剪辑类型元件，进入其编辑窗口。

（8）将库中的图片"手表 4"拖入其中。

3.　制作图片淡入淡出动画

（1）回到主场景中，新建图层 2，命名为"手表 1"，将元件"手表 1"拖入舞台并放置在背景图片的左上角，在第 10 帧与 20 帧处分别插入关键帧。选择第 1 帧，选择元件"手表 1"，在右侧的色彩效果属性面板中，在"样式"下拉菜单中选择"Alpha"，将下方的 Alpha 滑块设置为 0%。选择第 20 帧，选择元件"手表 1"，将 Alpha 滑块设置为 0%，如图 2-15 所示。

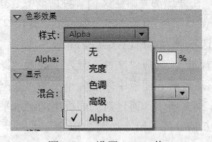

图 2-15　设置 Alpha 值

（2）回到主场景中，新建图层 3，命名为"手表 2"，在第 20 帧插入关键帧，将元件"手表 2"拖入舞台并放置在背景图片的右上角，在第 30 帧与 40 帧处分别插入关键帧。选择第 20 帧，选择元件"手表 2"，在右侧的色彩效果属性面板中，在"样式"下拉菜单中选择"Alpha"，将下方的 Alpha 滑块设置为 0%。选择第 40 帧，选择元件"手表 2"，将 Alpha 滑块设置为 0%。

（3）回到主场景中，新建图层 4，命名为"手表 3，在第 40 帧插入关键帧，将元件"手表 3"拖入舞台并放置在背景图片的左下角，在第 50 帧与 60 帧处分别插入关键帧。选择第 40 帧，选择元件"手表 3"，在右侧的色彩效果属性面板中，在"样式"下拉菜单中选择"Alpha"，将下方的 Alpha 滑块设置为 0%。选择第 60 帧，选择元件"手表 3"，将 Alpha 滑块设置为 0%。

（4）回到主场景中，新建图层 5，命名为"手表 4"，在第 60 帧处插入关键帧，将元件"手表 4"拖入舞台并放置在背景图片的右下角，在第 70 帧与 80 帧处分别插入关键帧。选择第 60 帧，选择元件"手表 4"，在右侧的色彩效果属性面板中，在"样式"下拉菜单中选择"Alpha"，将下方的 Alpha 滑块设置为 0%。选择第 80 帧，选择元件"手表 4"，将 Alpha 滑块设置为 0%。

4. 创建文字影片剪辑元件

（1）按"Ctrl+F8"组合键，创建一个名为"文字"的影片剪辑类型元件，进入其编辑窗口。

（2）在其中选择"文本工具"创建大小为 20、字体为华文楷体、颜色为"666666"的"品诺手表尊贵选择"的文字，文字设置如图 2-16 所示，效果如图 2-17 所示。

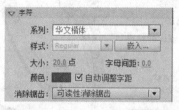

图 2-16　文本设置

品诺手表尊贵选择

图 2-17　文本效果

5. 制作文字淡入淡出动画

（1）回到主场景，新建图层 6，命名为"文字"，在第 80 帧处插入关键帧，将"文字"影片剪辑元件拖入到舞台中央，分别在第 100 帧和第 120 帧处插入关键帧。选择第 80 帧，选择元件"文字"，在右侧的色彩效果属性面板中，在"样式"下拉菜单中选择"Alpha"，将下方的 Alpha 滑块设置为 0%。选择第 120 帧，选择元件"文字"，将 Alpha 滑块设置为 0%。

（2）设定完毕的时间轴如图 2-18 所示。

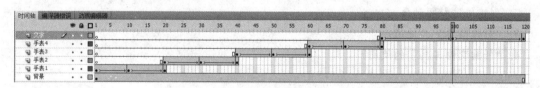

图 2-18　时间轴设定

6. 测试

按"Ctrl+Enter"组合键即可查看效果，效果如图 2-10 所示。

使用"对齐工具"时，分为对齐、分布、匹配大小、间隔四种设置。对齐分为左对齐、水平对齐、右对齐、顶对齐、垂直对齐、底对齐；分布分为顶部分布、垂直居中分布、底部分布、左侧分布、水平居中分布、右侧分布；匹配大小分为匹配高度、匹配宽度、匹配高和宽；间隔分为垂直平均间隔和水平平均间隔。其中当选中"与舞台对齐"复选项时，对象将与舞台对齐、分布、匹配大小和间隔；当不选择时，对象本身对齐、分布、匹配大小和间隔。

2.3 导入案例三 钻戒广告的制作

2.3.1 案例效果

本案例主要介绍通过"椭圆工具"、"创建传统补间动画"、"遮罩层"等工具与命令，结合"库"面板的综合使用来制作图片遮罩动画。在图片遮罩动画制作当中，注意灵活运用"遮罩层"，结合"创建传统补间动画"来制作出依次显示不同部分图片的效果，本案例以这些命令和工具的综合使用制作而成。最终案例效果如图 2-19 所示。

图 2-19 钻戒广告最终效果

2.3.2 案例目的

在本案例中，主要解决以下问题：
1. "遮罩层"的使用。
2. 创建传统补间动画。
3. "影片剪辑"的使用。
4. "任意变形工具"的使用。

2.3.3 案例操作步骤

1. 导入背景图片

选择"文件 | 新建"命令，在弹出的"新建文档"对话框中选择"ActionScript 2.0"，单击"确定"按钮，进入新建文档舞台窗口。按"Ctrl+F3"组合键，弹出文档"属性"面板，设置大小为"1000*700"，将"背景"选项设为"白色（#FFFFFF）"，如图 2-20 所示。在"时间轴"面板中将"图层 1"重新命名为"背景"，选择"文件 | 导入 | 导入到舞台"命令将"背景"图片导入到舞台中，选择"选择工具"，选中图片，在"位置和大小"面板中将图片的 X、Y 位置设置为 0、0，宽与高设置为 1000、700，如图 2-21 所示。在第 80 帧处插入帧，如图 2-22 所示。

2. 创建影片剪辑元件

（1）按"Ctrl+F8"组合键，创建一个名为"图形"的影片剪辑类型元件，进入其编辑窗口。

图 2-20　文档属性

图 2-21　设置图片位置和大小

图 2-22　插入帧

（2）在其中选择"椭圆工具"，将填充和笔触中的笔触设为"无"，填充设置为"FF0000"，拖动鼠标绘制一个椭圆，选择"选择工具"，选中椭圆，参照图 2-21，在"位置和大小"面板中将图片的 X、Y 位置设置为-200、-175，宽与高设置为 400、50。

3. 设置动画并测试

（1）回到主场景，新建图层 2，命名为"遮罩"，在第 1 帧处从库面板中将"图形"影片剪辑类型元件拖入主场景左下角，使影片剪辑"图形"遮住最左侧的图片，如图 2-23 所示；在第 20 帧处插入关键帧，将影片剪辑"图形"移动位置遮住中间的图片，如图 2-24 所示；在第 40 帧插入关键帧，将影片剪辑"图形"移动位置遮住最右侧的图片，如图 2-25 所示；在第 41 帧插入关键帧，将影片剪辑"图形"移动位置并缩小遮住上面的"我们终于结婚了"的图片左侧，如图 2-26 所示；在第 60 帧处插入关键帧，将影片剪辑"图形"移动位置并放大遮住上面的"我们终于结婚了"的整张图片，如图 2-27 所示。

图 2-23　"遮罩"层第 1 帧设置元件位置

图 2-24 "遮罩"层第 20 帧设置元件位置

图 2-25 "遮罩"层第 40 帧设置元件位置

图 2-26　"遮罩"层第 41 帧设置元件位置

图 2-27　"遮罩"层第 80 帧设置元件位置

（2）分别在第 1 帧与第 20 帧之间、第 20 帧与第 40 帧之间、在第 41 帧与第 80 帧之间创建传统补间动画，如图 2-28 所示。

图 2-28　创建传统补间动画

（3）选择"遮罩"图层，单击鼠标右键选择"遮罩层"，如图 2-29 所示。

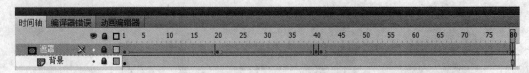

图 2-29　创建遮罩动画

（4）按"Ctrl+Enter"组合键即可查看效果，效果如图 2-19 所示。

1. 遮罩层也叫蒙版层，它是图层的一种，其主要功能是可以透过该图层内的图形看到其下面图层的内容。遮罩层下面的图层称为被遮罩层。如果在遮罩层中绘制各种效果的图形、文字或线条，这些遮罩区域完全透明，将会显示被遮罩层的内容，而其他无图形区域完全不透明，将被遮罩层遮掩起来。

2. 使用"任意变形工具"可以将对象的大小缩放、形状改变、方向旋转等。

2.4　项目一　化妆品广告制作

Flash 广告是现代生活中宣传的最广泛的方式，Flash 制作周期短、费用低、效果佳，有越来越多人选择将 Flash 广告投放市场。Flash 广告涵盖手机广告、网站广告、实体广告、电视广告等，设计类别更是五花八门，饮食类、化妆品类、数码类、饰品类、书籍类、招聘类等，相信大家通过该项目的演练，能够对广告的创作得心应手。

2.4.1　项目效果

本项目主要通过介绍"文字工具"、"任意变形工具"、"选择工具"、"颜色"面板、"库"面板、"元件"的创建与使用、传统补间动画的制作及 ActionScript 语言的综合使用来制作 Flash 广告。该广告为美宝莲眼影化妆品的广告，需要有一定的视觉冲击力，所以我们选定了两张模特着重眼影妆容的照片，力求达到突出眼影主题的效果。在"元件"创建时，注意灵活使用"影片剪辑"元件及"图形"元件。同时灵活使用"任意变形工具"进行变形操作，本项目以这些内容为基础进行创作。最终项目效果如图 2-30 所示。

2.4.2　项目目的

在本项目中，主要解决以下问题：

1. 工具箱中基本绘图工具的熟练使用。
2. 图片的导入。
3. 动画的创建。
4. "ActionScript"命令的简单应用。

图 2-30　"美宝莲"眼影广告效果

2.4.3　项目技术实训

1．创建并设置文档

（1）选择"文件｜新建"命令，在弹出的"新建文档"对话框中选择"ActionScript 2.0"，单击"确定"按钮，进入新建文档舞台窗口。按"Ctrl+F3"组合键，弹出"属性"面板，单击"大小"右侧的"编辑"按钮，弹出"文档设置"对话框，设置为 500*338，背景颜色为白色。

（2）选择"文件｜导入｜导入到库"命令，在弹出的"导入到库"对话框中选择"学习情境 2｜素材｜化妆品广告"文件夹下的所有文件，单击"打开"按钮，这些图片都被导入到"库"面板中。

2．创建图形元件

（1）在"库"面板下方单击"新建元件"按钮，弹出"创建新元件"对话框，在"名称"选项的文本框中输入"Text"，在"类型"下拉列表中选择"图形"选项，单击"确定"按钮，新建图形元件"Text"，舞台窗口也随之转换为图形元件的舞台窗口。

（2）选择工具栏中的文本工具，在字符属性面板中设置系列为"黑体"，大小为"50"，颜色为"#8F336A"，输入文本"MAYBELLINE"。同样选择工具栏中的文本工具，在字符属性面板中设置系列为"黑体"，大小为"35"，颜色为"#8F336A"，输入文本"炫彩珠光眼影"，文字设置如图 2-31 所示，效果如图 2-32 所示。

3．制作元件"光圈"

（1）单击"新建元件"按钮，新建影片剪辑元件"光圈"。

（2）选择颜色面板，将颜色类型选择为线性渐变，设置"白色—白色—白色—白色"的渐变填充，然后设置第 1、2、4 的白色的 Alpha 值为 0%，如图 2-33 所示。

图 2-31 文本设置

图 2-32 文本效果

（3）选择工具栏中的"椭圆工具"，在笔触颜色中选择 ☑，然后按住 Shift 键，在工作区中绘制一个正圆，如图 2-34 所示。为了看清图形效果，这里在属性面板中将背景颜色更改为黑色进行显示。

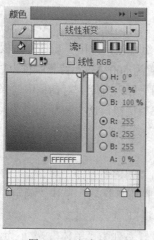

图 2-33 文本效果

图 2-34 光圈效果

4．制作元件"光圈_MC1"

（1）单击"新建元件"按钮，新建影片剪辑元件"光圈_MC1"。

（2）将库面板中的元件"光圈"拖入工作区中，在第 35 帧上单击鼠标右键，插入关键帧。

（3）单击该帧中的元件，在"属性"面板中色彩效果的样式中选择 Alpha 值为 0，如图 2-35 所示。

（4）单击第 1 帧中的元件，将其属性中的宽高都设置为 16，如图 2-36 所示。

图 2-35　设置 Alpha 值

图 2-36　设置元件宽高值

（5）在第 1～35 帧之间创建传统补间动画。

5. 制作元件"光圈_MC"

（1）单击"新建元件"按钮，新建影片剪辑元件"光圈_MC"。

（2）从库中选择图片"彩条"，然后单击"打开"按钮，在第 35 帧插入帧。

（3）新建图层 2，双击工具栏中的椭圆工具，在颜色栏中填充色设置为黑色，笔触颜色选择为 🔲。

（4）按住"Shift"键，在工作区中绘制一个正圆。双击工具栏中的选择按钮，单击工作区中的圆，设置宽、高值都为 550。

（5）拖动圆，将图层 1 中的元件遮罩住，如图 2-37 所示。

图 2-37　圆遮罩

（6）在第 35 帧上单击鼠标右键，插入关键帧，单击第 1 帧中的图形，属性面板中设置正圆的宽、高都为 1。

（7）将该圆拖动到中间位置，单击第 1 帧，在属性面板中创建形状补间动画。

（8）插入新图层，将库中的元件"光圈_MC"拖入工作区。

（9）在时间轴面板的图层 2 上单击鼠标右键，选择遮罩命令，如图 2-38 所示。

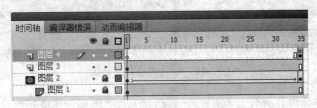

图 2-38　"时间轴"面板

（10）插入新图层，在第 35 帧插入关键帧，然后将光圈_MC 元件拖入工作区。在 35 帧的动作面板中键入"stop();"代码，如图 2-39 所示。

6. 设置人物

（1）单击"新建元件"按钮，新建图形元件"人物"。选择"文件 | 导入"命令，弹出"导入"

面板，将"人物"图片导入舞台，新建影片剪辑元件"人物 4"，将图形元件"人物 1"拖入其中，在第 15 帧和第 30 帧分别插入关键帧，如图 2-40 所示，第 15 帧处设置"Alpha"值为 0%。

图 2-39　添加代码

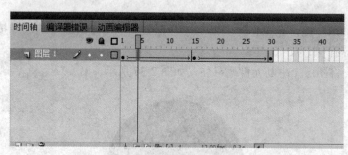

图 2-40　创建传统补间动画

（2）单击"新建元件"按钮，新建图形元件"人物 1"。选择"文件 | 导入"命令，弹出"导入"面板，将"人物 1"图片导入舞台，新建影片剪辑元件"人物 2"，将图形元件"人物"拖入其中，在第 10 帧和第 20 帧分别插入关键帧，第 10 帧处设置"Alpha"值为 0%。

7. 设置场景效果

（1）单击"编辑场景"按钮，回到主场景，双击图层 1，将其更名为"背景"。

（2）将库面板中的元件遮罩 1 拖入场景中，在第 10 帧上单击鼠标右键，插入关键帧，然后单击第 1 帧中的元件属性面板，设置 Alpha 值为 0%，如图 2-35 所示。

（3）从第 1 帧到第 10 帧间单击右键，在弹出的菜单中选择"创建传统补间"命令，生成传统补间动画，效果如图 2-41 所示。

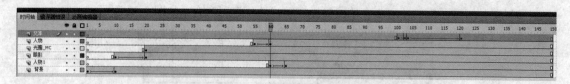

图 2-41　创建传统补间动画

（4）创建新图层并将其命名为"眼影"，然后将元件"眼影"拖曳到舞台窗口中，在第 10 帧、第 20 帧上单击鼠标右键，插入关键帧，在第 10 帧处"属性"面板中将"Alpha"值设为 0%。

（5）创建新图层并将其命名为"文本"，然后将元件"Text"拖曳到舞台窗口中，在第 100 帧、第 103 帧、第 104 帧、第 120 帧上分别单击鼠标右键，插入关键帧，在第 103 帧处"属性"面板中将"色调"值设为 100%，颜色为白色。

（6）在第 121 帧上单击鼠标右键，插入关键帧，然后将该帧中的元件拖动到第 150 帧。在第 101～103 帧之间的任意一帧单击右键，创建补间动画，采用同样的操作创建第 104～120 之间的补间动画。

（7）新建图层"人物 1"，在第 55 帧插入关键帧，将元件"人物 4"拖入到舞台左侧，设置 Alpha 值为 0%，在第 60 帧插入关键帧，设置 Alpha 值为 80%.。

（8）新建图层"人物 2"，在第 60 帧插入关键帧，将元件"人物 2"拖入到舞台右侧，设置 Alpha 值为 0%，在第 65 帧插入关键帧，设置 Alpha 值为 80%.。

（9）新建图层"光圈_MC"，在第 20 帧插入关键帧，将元件"光圈_M"拖入元件"眼影"的中央。

（10）选择测试影片命令，或者按"Ctrl+Enter"组合键打开播放器测试广告动画，效果如图 2-30 所示。

2.5　项目拓展　玩具广告制作

2.5.1　项目效果

本项目是"广告"类创作的拓展与延伸，进一步介绍使用"路径动画"制作动画效果，使用"变形"面板制作图像倾斜效果，使用"库"面板创建"影片剪辑"元件及"图形元件"，使用"创建传统补间"动画命令创建动画效果。本项目以这些内容为基础进行创作，使学生掌握"广告"类 Flash 项目的创作方法与流程，最终能够根据客户需求及市场调研结果，设计出"广告"类 Flash 项目产品。最终项目效果如图 2-42 所示。

图 2-42　玩具广告效果

2.5.2　项目目的

在本项目中，主要解决以下问题：

1. 让消费者明白广告推销的是什么。
2. 应用前面学到的 Flash 知识。
3. 熟练掌握路径动画的技巧。

2.5.3　项目技术实训

1. 创建"图片"影片剪辑

（1）选择"文件｜新建"命令，在弹出的"新建文档"对话框中选择"ActionScript 2.0"，单击"确定"按钮，进入新建文档舞台窗口。按"Ctrl+F3"组合键，弹出"属性"面板，单击"大小"右侧的"编辑"按钮，弹出"文档设置"对话框，将舞台宽度设为 600 像素，高度设为 150 像素，将背景颜色设为白色，如图 2-43 所示，单击"确定"按钮。

图 2-43　文档属性

（2）选择"文件｜导入｜导入到库"命令，在弹出的"导入到库"对话框中选择"学习情境二｜素材｜费雪"文件夹下的素材文件，单击"打开"按钮，这些图片都被导入到"库"面板中。

（3）在"库"面板下方单击"新建元件"按钮，弹出"创建新元件"对话框，在"名称"选项的文本框中输入"字_2"，在"类型"下拉列表中选择"图形"选项，单击"确定"按钮，新建图形元件"字_1"，舞台窗口也随之转换为图形元件的舞台窗口。

（4）选择"文本工具"，在"属性"面板中设置系列为"华文琥珀"，颜色为"红色（#FF0000）"，大小为"24"，如图 2-44 所示，在舞台窗口中输入文字"费雪品牌"，打开"字_2"元件，在其中创建"品质保证"，效果如图 2-45 所示。

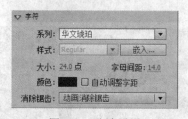

图 2-44　文本设置

图 2-45　文本效果

（5）新建一个图层，命名为"文字 1"，然后再舞台上拖入（4）中的"字_2"，分别在 50 帧、55 帧、56 帧、57 帧～64 帧处添加关键帧，并在 55 帧将元件"字_2"拖到舞台右侧，在 55 帧、56 帧、57 帧～64 帧处分别将文字放入如图 2-45 所示位置，相邻每帧都进行左右的扭曲，使得文字有颤动感。

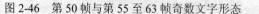

图 2-46　第 50 帧与第 55 至 63 帧奇数文字形态

图 2-47　第 56 帧至 64 帧偶数帧文字形态

（6）新建一个图层，命名为"文字 2"，然后再舞台上拖入（3）中的"字_1"，分别在 35 帧、40 帧～44 帧处添加关键帧，并在 55 帧将元件"字_2"拖到舞台右侧，在 55 帧～66 帧处分别将文字放入如图 2-46 和图 2-47 所示的位置，与上一步相似，相邻每帧都进行左右的扭曲，使得文字有颤动感。

（7）新建一个图层，命名为"底图"，将"玩具总动员"的图片导入其中，在第 200 帧插入帧。

（8）新建一个图层，命名为"标志"，将 Fisher-Price 的"商标"导入其中。

（9）新建一个图形类型元件，命名为"过渡"，选择"矩形工具"，打开"颜色"面板，在笔触颜色中选择▨，在填充颜色中选择"线性渐变"，双击左侧滑块，设置颜色为"FFFFFF"，Alpha 值为"100%"，双击右侧滑块，设置颜色为"FFFFFF"，Alpha 值为"0%"，如图 2-48 所示，绘制矩形，位置与大小如图 2-49 所示，绘制矩形效果如图 2-50 所示。

图 2-48　颜色面板设置

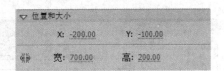

图 2-49　位置与大小设置

图 2-50　矩形效果

（10）回到"图片"影片剪辑编辑窗口，新建一个图层，命名为"渐变"，在第 2 帧插入关键帧，拖入"过渡"元件并用"任意变形工具"将其向左缩放至左侧一小条的形状，如图 2-51 所示，然后在时间轴的第 15 帧插入关键帧，将"过渡"元件设置为如图 2-52 所示，并在第 2 至 15 帧之间创建传统补间动画，如图 2-53 所示。

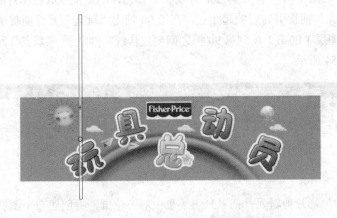

图 2-51　"过渡"元件第 2 帧位置与缩

图 2-52　"过渡"元件第 15 帧位置与缩放

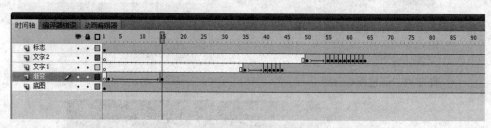

图 2-53　关键帧与补间动画设置

2. 创建路径动画

（1）在"库"面板下方单击"新建元件"按钮，弹出"创建新元件"对话框，在"名称"选项的文本框中输入"玩具"，在"类型"下拉列表中选择"影片剪辑"选项，单击"确定"按钮，导入"玩具"图片，并将其转换为"图形"类型元件，命名为"玩具"。

（2）在图层 1 的第 1 帧打开右键菜单，插入关键帧，拖入"玩具"元件到舞台左侧，在第 90 帧插入关键帧，拖入"玩具"元件到舞台右侧。

（3）右键选中图层 1，创建引导层，利用铅笔工具绘制一条波浪曲线，在引导层的第 1 帧创建关键帧，在第 90 帧插入帧。

（4）在图层 1 的第 1 帧和第 90 帧上，分别将玩具元件的定位点放在图片的中心位置上后，在第 1 帧用"玩具"元件捕捉引导层的起始点，在第 90 帧用"玩具"元件捕捉引导层的结束点，分别捕捉上之后，在图层 1 的第 1 帧到第 90 帧之间创建传统补间动画，"玩具"元件将按照引导线的轨迹运动，如图 2-54 所示。

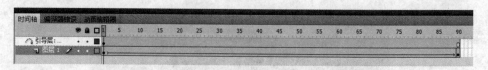

图 2-54　路径动画引导层设置

3. 测试

（1）将"图片"影片剪辑元件拖入到主场景中对齐位置，再创建一个图层，命名为"玩具"，将"玩具"影片剪辑元件拖入到主场景中。

（2）按"Ctrl+Enter"组合键测试影片，最终效果如图 2-55 所示。

图 2-55　最终效果测试

2.6　学习情境小结

　　本学习情境通过案例导入及项目实战，使同学们能够熟练运用 Flash CS5 的典型工具及相应的属性面板完成广告类型 Flash 动画的创作。大家可以根据自己的需要选择背景图片、音乐、主题等，通过本学习情境的学习，轻松达到想要的广告效果，使自己快速掌握一门宣传语言，当你能够熟练运用以后，你会发现 Flash 的乐趣无穷。

2.7　学习情境练习二

　　1. 拓展能力训练项——衣服广告。

● 项目任务
　　设计制作衣服的广告。

● 客户要求
　　以"衣服"为主题，设计一份有创意的广告，以达到对衣服的促销宣传。

● 关键技术
　　➢ 将主题凸显。
　　➢ 动画节奏及时间控制。
　　➢ 创建补间形状的灵活使用。

● 参照效果图
　　广告的最终制作效果如图 2-56 所示。

图 2-56　衣服广告

2. 拓展能力训练项目——手机广告。

● 项目任务

设计制作手机广告。

● 客户要求

以"手机"为主题设计一份广告，以达到对手机的宣传。

● 关键技术

➤ 元件的创建。

➤ 循环的灵活使用。

● 参照效果图

广告的最终效果如图 2-57 所示。

图 2-57　手机广告

学习情境三
电子相册制作

 教学要求

学习情境	学习内容	能力要求
导入案例一：电子地图制作	① 隐形按钮的制作	① 掌握隐形按钮的制作方法
导入案例二：环形旋转文字	② 遮罩动画	② 熟练掌握遮罩及引导线动画的创建
导入案例三：宝宝的相册	③ 引导线动画	及使用
项目一：浏览婚礼照片	④ ActionScript 语言	③ ActionScript 语言的基本应用方法
扩展项目：风景无限美妙	⑤ 电子相册的种类及风格特点	④ 根据客户需要完成电子相册的制作

3.1 导入案例一 电子地图制作

3.1.1 案例效果

本案例主要介绍在 Flash CS5 中创建和使用隐形按钮的方法。通过隐形按钮的创建，可以对地图中的建筑物和道路进行动态的介绍，即鼠标一放到某个位置上就会弹出相关文字介绍，例如：该大厦的名称及相关信息，最终案例效果如图 3-1 所示。

图 3-1 "电子地图"效果

3.1.2 案例目的

在本案例中，主要解决以下问题：

1. "按钮"元件的创建与作用。

2. "对齐"属性面板的使用方法。

3. "钢笔工具"及"颜料桶工具"的使用方法。

3.1.3 案例操作步骤

1. 新建文件并导入素材

（1）选择"文件｜新建"命令，在弹出的"新建文档"对话框中选择"ActionScript 2.0"，单击"确定"按钮，进入新建文档舞台窗口。

（2）选择"文件｜导入｜导入到库"命令，在弹出的"导入到库"对话框中选择"学习情境3｜素材｜电子地图"文件夹下的文件，单击"打开"按钮，该图片将被导入到"库"中。使用"选择工具"将其拖入至舞台窗口，按"Ctrl+K"组合键，调出"对齐"面板，选中"对齐/相对舞台分布"选项 ☑ 与舞台对齐，然后单击"水平中齐" 昌 、"垂直中齐" ╫ 、"匹配宽度" 읍 、"匹配高度" 읍4 个图标，使图片与舞台大小相符合，效果如图 3-2 所示。

2. 制作隐形按钮

（1）将"图层 1"重新命名为"背景"，在"背景"图层中单击"锁定/解除锁定所有图层"按钮，锁定"背景"图层。单击"时间轴"面板下方的"新建图层"按钮，创建新图层，并将其命名为"按钮"。

（2）选择"钢笔工具"对右边最高的大厦进行勾勒，再用"颜料桶工具"对此勾选的范围进行填充，如图 3-3 所示。

图 3-2　图片素材　　　　　　　　　图 3-3　勾勒建筑并填充颜色

（3）选择"选择工具"对钢笔勾勒的范围双击，将其选取，按下"F8"键，在弹出的"转化为元件"对话框中，在"名称"选项文本框中输入"按钮"，在"类型"下拉列表中选择"按钮"类型，将其转换为按钮元件，如图 3-4 所示。双击该"按钮"元件，进入按钮编辑状态，在"点击"状态帧上单击鼠标右键，在弹出的菜单中选择"插入关键帧"命令，如图 3-5 所示。

（4）选取"弹起"状态帧，按下"Delete"键，将该关键帧上的内容删除，如图 3-6 所示。

（5）在"指针经过"状态帧上单击鼠标右键，在弹出的菜单中选择"插入空白关键帧"命令，在此空白关键帧上，选用文本工具输入"世贸大厦"几个字，这时空白关键帧变成了关键帧，如图3-7 所示。

图 3-4　"转换为元件"对话框

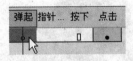

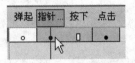

图 3-5　点击状态　　　　　　　图 3-6　弹起状态　　　　　　图 3-7　指针经过状态

（6）用同样的方法，再为其余 2 个高层建筑进行标注，当鼠标指针指到该高层建筑上时，分别显示"国际商厦"及"五星级酒店"字样及相关的说明信息，"库"面板如图 3-8 所示。

（7）单击"时间轴"面板下方的"场景 1"图标 场景1，进入"场景 1"的舞台窗口。大厦被蒙上了一层透明的青色，这就是隐形按钮，如图 3-9 所示。按下"Ctrl+Enter"组合键进行测试，效果如图 3-9 所示，鼠标放置在右侧最高的大厦上时，鼠标指针变成手形，并且旁边出现了"世贸大厦"4 个字。

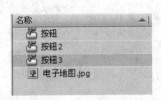

图 3-8　"库"面板　　　　　　　　　　　　　图 3-9　隐形按钮

将图形转换为元件，除了可以按"F8"键外，还可以在选中的图形上单击鼠标右键，从弹出的快捷菜单中选择"转换为元件"命令，也可以执行菜单命令"修改｜转换为元件"，这三种方法都会弹出"转换为元件"对话框。

3.2　导入案例二　环形旋转文字

3.2.1　案例效果

本案例主要介绍通过"文字工具"、"钢笔工具"、"颜料桶工具"、"任意变形工具"及"遮罩"动画的综合使用来制作环形文字旋转效果。在"遮罩"动画的创建过程中，重点掌握好"遮罩"层与"被遮罩"层的关系，通过本案例的实施，能够熟练运用"遮罩"动画实现文字环绕的立体效果，最终案例效果如图 3-10 所示。

图 3-10 "环形旋转文字"效果

3.2.2 案例目的

在本案例中，主要解决以下问题：

1. "文字工具"的使用。
2. "任意变形工具"的使用。
3. "颜料桶工具"的使用。
4. "钢笔工具"的使用。
5. "遮罩"动画的创建，确定好"遮罩"层与"被遮罩"层的关系。

3.2.3 案例操作步骤

1. 新建文件并导入素材

（1）选择"文件 | 新建"命令，在弹出的"新建文档"对话框中选择"ActionScript 2.0"，单击"确定"按钮，进入新建文档舞台窗口。

（2）选择"文件 | 导入 | 导入到库"命令，在弹出的"导入到库"对话框中选择"学习情境3 | 素材 | 环形文字"文件夹下的全部文件，单击"打开"按钮，将所有图片都导入到"库"中，使用"选择工具"将"环形文字"图片拖入至舞台窗口，按"Ctrl+K"组合键，调出"对齐"面板，选中"对齐/相对舞台分布"选项 ☑ 与舞台对齐，然后单击"水平中齐" ⬛、"垂直中齐" ⬛、"匹配宽度" ⬛、"匹配高度" ⬛ 4 个图标，使图片与舞台大小相符合，效果如图 3-11 所示。

2. 制作文字旋转效果

（1）选中"环形文字"图片，按下"F8"键，在弹出的"转化为元件"对话框中，在"名称"选项文本框中输入"旋转文字"，在"类型"下拉列表中选择"影片剪辑"类型，单击"确定"按钮，将其转换为影片剪辑元件，如图 3-12 所示。双击该"影片剪辑"元件，进入其编辑状态，在第 200 帧上单击鼠标右键，在弹出的菜单中选择"插入关键帧"命令，选中第 1 帧，单击鼠标右键，从弹出的快捷菜单中选择"创建传统补间"命令，如图 3-13 所示。

（2）单击第 1 帧，按"Ctrl+F3"组合键，打开"属性"面板，在"旋转"下拉列表中选择"顺时针"，次数为 1 次，设置效果如图 3-14 所示。

图 3-11 环形文字

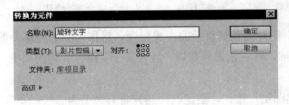

图 3-12 转化为元件

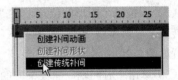

图 3-13 创建传统补间

（3）单击"时间轴"面板下方的"场景 1"图标 <img> 场景 1 ，进入"场景 1"的舞台窗口。选择"任意变形工具"，将"环形文字"挤压成椭圆形，如图 3-15 所示。

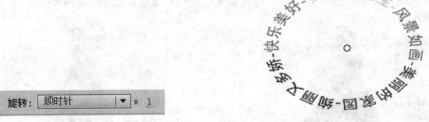

图 3-14 设置旋转参数

图 3-15 挤压"环形文字"

（4）在当前区域复制该影片剪辑，选中位于下方的影片剪辑，在"属性"面板中"色彩效果"下的"样式"下拉列表中选择"高级"选项，设置"红"、"绿"、"蓝"的值均为"-100%"，设置"Alpha"值为"20%"，设置如图 3-16 所示，图片效果如图 3-17 所示。

图 3-16 属性设置

图 3-17 设置属性后的效果

3. 制作遮罩效果

（1）单击"时间轴"面板下方的"新建图层"按钮，创建新图层并将其命名为"人物"，将图层 1 命名为"旋转文字",并将图层"人物"拖到"旋转文字"下面,如图 3-18 所示。单击图层"人物",然后选择"选择工具",将"人物"图片从库中拖动至舞台窗口中,如图 3-19 所示。

图 3-18　图层面板　　　　　　　　　　图 3-19　将"人物"拖至舞台窗口

（2）调整每个图形的位置。将"人物"图片调整到舞台的中央位置,将作为阴影的影片剪辑"旋转文字"再压扁一些,并圈在人物的底部,将彩色影片剪辑"旋转文字"圈在人物的周围,最终位置如图 3-20 所示。

（3）单击"时间轴"面板下方的"新建图层"按钮,创建新图层并将其命名为"被遮罩",将"人物"图片按原位置复制到该图层。

（4）)单击"时间轴"面板下方的"新建图层"按钮,创建新图层并将其命名为"遮罩",锁定"遮罩"图层外的其他图层,准备在该图层绘制遮罩区域。

（5）用"钢笔"工具在"遮罩"图层绘制遮罩区域,该区域用来确定需要显示的文字前端的人物部分,完成后使用"颜料桶工具"为其填充任意一种颜色,如图 3-21 所示。

图 3-20　调整位置　　　　　　　　　　图 3-21　绘制遮罩区域并填充颜色

（6）完成遮罩的绘制后,在"遮罩"图层的面板上右击鼠标,选择"遮罩"选项,此时"遮罩"图层和"被遮罩"图层将建立遮罩关系,时间轴面板如图 3-22 所示。

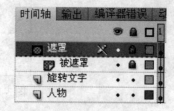

图 3-22　时间轴面板

（7）按"Ctrl+Enter"组合键即可查看效果,如图 3-23 所示。

图 3-23　测试效果图

添加多个"被遮罩"层的方法：其一，将现有图层直接拖到"遮罩"层下面；其二，在"遮罩"层下面的任何地方创建一个新图层；其三，选择"修改丨时间轴丨图层属性"命令，然后选择"被遮罩"选项。

3.3　导入案例三　宝宝的相册

3.3.1　案例效果

本案例主要介绍通过"文字工具"、"任意变形工具"、"颜色"面板、"库"面板的使用，"按钮"元件的创建，"传统补间动画"的应用，"ActionScript"语言的编写及"场景"的综合运用，来完成"宝宝的相册"的创作。在本案例的创作过程中，要掌握"ActionScript"脚本语言的编写方法及作用，明确"场景"的作用，最终案例效果如图 3-24 所示。

图 3-24　"宝宝的相册"效果

3.3.2　案例目的

在本案例中，主要解决以下问题：

1. "文字工具"及"任意变形工具"的使用。

2. "颜色"面板及"库"面板的使用。

3. "传统补间动画"的创建与作用。

4. "ActionScript"语言的编写与相关语句的作用。

5. "场景"的综合运用。

3.3.3 案例操作步骤

1. 新建文件并导入素材

（1）选择"文件｜新建"命令，在弹出的"新建文档"对话框中选择"ActionScript 2.0"，单击"确定"按钮，进入新建文档舞台窗口。

（2）选择"文件｜导入｜导入到库"命令，在弹出的"导入到库"对话框中选择"学习情境 3｜素材｜宝宝的相册"文件夹下的全部文件，单击"打开"按钮，将所有图片都导入到"库"中。使用"选择工具"将"背景"图片拖入至舞台窗口，按"Ctrl+K"组合键，调出"对齐"面板，选中"对齐/相对舞台分布"选项☑ 与舞台对齐，然后单击"水平中齐" 吕、"垂直中齐" ⬛▯、"匹配宽度" ⬛、"匹配高度" ⬛4 个图标，使图片与舞台大小相符合，效果如图 3-25 所示。

图 3-25　背景图片

2. 制作"背景"影片剪辑元件

（1）选中"背景"图片，按下"F8"键，在弹出的"转化为元件"对话框中，在"名称"选项文本框中输入"背景"，在"类型"下拉列表中选择"影片剪辑"选项，单击"确定"按钮，将其转换为影片剪辑元件，如图 3-26 所示。

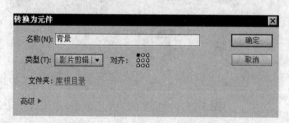

图 3-26　转换为影片剪辑元件

（2）双击该影片剪辑元件，进入其编辑状态，将"图层 1"重新命名为"背景"，在"背景"图层中单击"锁定/解除锁定所有图层"按钮，锁定"背景"图层。单击"时间轴"面板下方的"新建图层"按钮，创建新图层，并将其命名为"照片 1"。将"背景"图层移到"照片 1"图层的上方。

（3）单击"照片1"图层，选中第1帧，然后选择"选择工具"，将"照片1"图片从库中拖动至舞台窗口中，如图3-27所示。

图3-27　照片1

（4）单击"照片1"图层，在第13帧、第25帧上单击鼠标右键，在弹出的快捷菜单中选择"插入关键帧"命令，选中第1帧及第13帧，分别单击鼠标右键，从弹出的快捷菜单中选择"创建传统补间"命令，时间轴面板如图3-28所示。

（5）单击"照片1"图层，选中第1帧，按"Ctrl+F3"组合键，打开"属性"面板，在"旋转"下拉列表中选择"顺时针"，次数为1次，设置效果如图3-29所示。

图3-28　时间轴面板　　　　　　　　　　　　　　图3-29　设置旋转参数

（6）单击"时间轴"面板下方的"新建图层"按钮，创建新图层，并将其命名为"照片2"。将"背景"图层移到"照片2"图层的上方。

（7）单击"照片2"图层，选中第1帧，然后选择"选择工具"，将"照片2"图片从库中拖动至舞台窗口中，如图3-30所示。

（8）单击"照片2"图层，在第5帧、第10帧、第15帧及第20帧上单击鼠标右键，在弹出的快捷菜单中选择"插入关键帧"命令，选中第5帧，使用"任意变形工具"对其进行适当缩小，选中第10帧，使用"任意变形工具"对其进行适当放大，选中第15帧，使用"任意变形工具"对其进行适当缩小并逆时针旋转，选中第20帧，使用"任意变形工具"对其进行适当放大并顺时针旋转，时间轴面板如图3-31所示。

图3-30　照片2

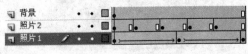

图3-31　时间轴面板

（9）单击"时间轴"面板下方的"新建图层"按钮，创建新图层，并将其命名为"文字"。选择"文本工具"，按"Ctrl+F3"组合键，打开"属性"面板，在"系列"下拉列表中选择"楷体"，颜色设为"绿色（#00FF00）"，大小为62点，设置完成后，在左下方输入"宝宝的相册"五个字，其"属性"面板如图3-32所示，文字效果如图3-33所示。

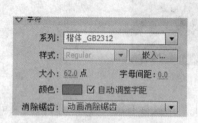

图3-32　"文字"属性面板　　　　　　　　图3-33　文字效果

（10）选中"文字"图层中的文字，按下"F8"键，在弹出的"转化为元件"对话框中，在"名称"选项文本框中输入"字"，在"类型"下拉列表中选择"图形"选项，单击"确定"按钮，将其转换为图形元件，如图3-34所示。

（11）选中"文字"图层的第10帧及第20帧，按下"F6"键插入"关键帧"。选中第10帧，按"Ctrl+F3"组合键，打开"属性"面板，在"样式"下拉列表中选中"Alpha"选项，将其不透明度设为"30%"，如图3-35所示。

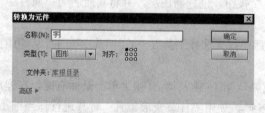

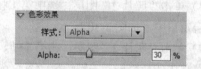

图3-34　转换为图形元件　　　　　　　　图3-35　属性面板

3．制作"照片"图形元件

（1）单击"时间轴"面板下方的"场景1"图标 场景1，进入"场景1"的舞台窗口。按下"Shift+F2"组合键，弹出"场景"面板，单击"添加场景"按钮，创建"场景2"，如图3-36所示。舞台窗口也相应切换到"场景2"的舞台窗口，如图3-37所示。

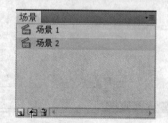

图3-36　"场景"面板　　　　　　　　图3-37　"场景2"舞台窗口

（2）选中"图层 1"，将其重新命名为"底图"，使用"选择工具"将"底图"图片拖入至舞台窗口，按"Ctrl+K"组合键，调出"对齐"面板，选中"对齐/相对舞台分布"选项☑ 与舞台对齐，然后单击"水平中齐" ♣ 、"垂直中齐" ♣ 、"匹配宽度" ♨ 、"匹配高度" ♨ 4 个图标，使图片与舞台大小相符合，效果如图 3-38 所示。选中"底图"图层的第 71 帧，按"F5"键，插入普通帧。

（3）按"Ctrl+F8"组合键，弹出"创建新元件"对话框，在"名称"选项文本框中输入"宝宝"，在"类型"下拉列表中选择"图形"选项，单击"确定"按钮，创建"宝宝"图形元件，如图 3-39 所示，舞台窗口也同时转换为该元件的舞台窗口。

图 3-38 底图

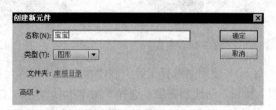

图 3-39 创建新元件

（4）选中"图层 1"，将其命名为"框 1"，使用"选择工具"将"框 1"图片拖入至舞台窗口，使用"任意变形工具"适当调整其大小。单击"时间轴"面板下方的"新建图层"按钮，创建新图层，并将其命名为"宝宝"，将其移到"框 1"图层下方，使用"选择工具"将"宝宝"图片拖入至舞台窗口，使用"任意变形工具"适当调整其大小，效果如图 3-40 所示。

（5）用同样的方法分别创建图形元件"贝贝"、"真真"、"可可"、"爱爱"，效果分别如图 3-41～图 3-44 所示。

图 3-40 宝宝

图 3-41 贝贝

4. 制作按钮元件

（1）单击"时间轴"面板下方的"场景 2"图标 场景 2，进入"场景 2"的舞台窗口。按"Ctrl+F8"组合键，弹出"创建新元件"对话框，在"名称"选项文本框中输入"星"，在"类型"下拉列表中选择"按钮"选项，单击"确定"按钮，创建"星"按钮元件，如图 3-45 所示，舞台窗口也同时转换为该元件的舞台窗口。

图 3-42　真真

图 3-43　可可

图 3-44　爱爱

（2）使用"选择工具"将"星"图片拖入至舞台窗口，单击"时间轴"面板下方的"新建图层"按钮，创建新图层。选择"文本工具"，按"Ctrl+F3"组合键，打开"属性"面板，在"系列"下拉列表中选择"迷你简花蝶"，颜色设为"粉色（#FF00FF）"，大小为 23 点，设置完成后输入"关闭"两个字，文字效果如图 3-46 所示。

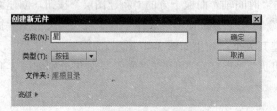

图 3-45　按钮元件

图 3-46　星

（3）同时选中"图层 1"及"图层 2"的指针经过帧，按"F6"键插入关键帧，然后选择"任意变形工具"，按住"Alt+Shift"组合键的同时，将其缩小，如图 3-47 所示。其时间轴面板如图 3-48 所示。

图 3-47　缩小"星"

弹起	指针...	按下	点击
•			
•	•		

图 3-48　时间轴面板

（4）按"Ctrl+F8"组合键，弹出"创建新元件"对话框，在"名称"选项文本框中输入"宝宝的照片"，在"类型"下拉列表中选择"按钮"类型，单击"确定"按钮，创建"宝宝的照片"按钮元件，舞台窗口也同时转换为该元件的舞台窗口。

（5）使用"选择工具"将"鱼"图片拖入至舞台窗口，单击"时间轴"面板下方的"新建图层"按钮，创建新图层，并将其命名为"文字"。选择"文本工具"，按"Ctrl+F3"组合键，打开"属性"面板，在"系列"下拉列表中选择"迷你简花蝶"，颜色为黄绿色（#CCFF00），大小为23点，设置完成后输入"宝宝的照片"五个字，文字效果如图3-49所示。

（6）同时选中"图层 1"及"文字"图层的指针经过帧，按"F6"键插入关键帧，然后选择"文字"图层的指针经过帧，按"Ctrl+F3"组合键，打开"属性"面板，将其颜色设为"粉色（#FF00FF）"，文字效果如图3-50所示。

图3-49　黄绿色文字

图3-50　粉色文字

（7）用同样的方法分别创建按钮元件"贝贝的照片"、"真真的照片"、"可可的照片"、"爱爱的照片"，效果分别如图3-51～图3-54所示。

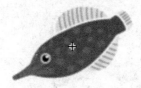

图3-51　"贝贝"按钮元件的弹起及指针经过帧

图3-52　"真真"按钮元件的弹起及指针经过帧

图3-53　"可可"按钮元件的弹起及指针经过帧

图 3-54   "爱爱"按钮元件的弹起及指针经过帧

5．制作放大照片

（1）单击"时间轴"面板下方的"新建图层"按钮，创建新图层，并将其命名为"目录"。分别将"库"面板中的按钮元件"宝宝的照片"、"贝贝的照片"、"真真的照片"、"可可的照片"、"爱爱的照片"拖曳到舞台窗口中，选择"任意变形工具"将按钮逐个变形并放置到舞台窗口的左侧，效果如图 3-55 所示。

图 3-55   将按钮元件放入舞台窗口

（2）单击"时间轴"面板下方的"新建图层"按钮，创建新图层，并将其命名为"阴影"。选中"阴影"图层的第 2 帧，按"F6"键插入关键帧。单击"目录"图层，选中第 1 帧，单击鼠标右键，从弹出的快捷菜单中选择"复制帧"，选中"阴影"图层的第 2 帧，单击鼠标右键，从弹出的快捷菜单中选择"粘贴帧"。

（3）单击"时间轴"面板下方的"新建图层"按钮，创建新图层，并将其命名为"文字"。选择"文本工具"，按"Ctrl+F3"组合键，打开"属性"面板，在"系列"下拉列表中选择"迷你简花蝶"，颜色为绿色（#006600），大小为 38 点，设置完成后输入"点击选择"四个字。在"系列"下拉列表中选择"文鼎齿轮体"，颜色为绿色（#00CC00），大小为 46 点，设置完成后输入"宝宝"两个字。在"系列"下拉列表中选择"文鼎花瓣体"，颜色为绿色（#00FF33），大小为 50 点，设置完成后输入"照片"两个字，文字效果如图 3-56 所示。在"文字"层的第 71 帧，按"F5"键插入普通帧。

（4）单击"时间轴"面板下方的"新建图层"按钮，创建新图层，并将其命名为"宝宝"，选中该图层的第 2 帧，按"F6"键插入关键帧，使用"选择工具"将库面板中的图形元件"宝宝"拖曳至舞台窗口的右上方，效果如图 3-57 所示。

图 3-56　文字效果

（5）单击"宝宝"图层，选中第 10 帧及第 15 帧，单击鼠标右键，在弹出的菜单中选择"插入关键帧"命令。选中第 10 帧，在舞台窗口中选中"宝宝"实例，按住"Shift"键同时，将其垂直向下拖曳到舞台窗口中，效果如图 3-58 所示。

图 3-57　图片在窗口右上角

图 3-58　图片垂直向下移动

6. 制作动画并添加脚本语言

（1）分别用鼠标右键单击"宝宝"图层的第 2 帧及第 10 帧，从弹出的快捷菜单中选择"创建传统补间"命令，如图 3-59 所示。

图 3-59　时间轴

（2）单击"时间轴"面板下方的"新建图层"按钮，再创建 4 个新图层，并将其分别命名为"贝贝"、"真真"、"可可"及"爱爱"。选中"宝宝"图层的第 2 帧至第 15 帧，单击鼠标右键，从弹出的快捷菜单中选择"复制帧"命令，然后分别选择"贝贝"、"真真"、"可可"及"爱爱"图层的第 16 帧、第 30 帧、第 44 帧及第 58 帧，单击鼠标右键，从弹出的快捷菜单中选择"粘贴帧"命令。

（3）选择"贝贝"图层的第 16 帧及第 24 帧，单击鼠标右键，从弹出的快捷菜单中选择"创建传统补间"命令,完成动画效果的创建。同样,在"真真"图层的第 30 帧及第 38 帧、"可可"图层的第 44 帧及第 52 帧与"爱爱"图层的第 58 帧及第 66 帧分别单击鼠标右键,从弹出的快捷菜单中选择"创建补间动画"命令,完成动画效果的创建,其时间轴面板如图 3-60 所示。

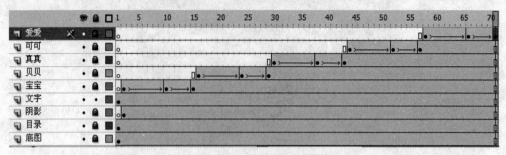

图 3-60　时间轴

(4)选中"宝宝"图层的第 15 帧,选择菜单"窗口 | 动作"命令,弹出"动作"面板,在面板的左上方将脚本语言版本设置为"ActionScript 1.0&2.0",单击"将新项目添加到脚本中"按钮,在弹出的菜单中选择"全局函数 | 时间轴控制 | gotoAndStop"命令,如图 3-61 所示。在脚本语言后面的括号中输入数字"1",在脚本窗口中显示出选择的脚本语言,如图 3-62 所示。设置完成动作脚本后,关闭"动作"面板。在"宝宝"图层的第 15 帧上显示出标记"a",如图 3-63 所示。

图 3-61　脚本语言窗口

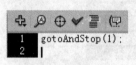

图 3-62　脚本语言

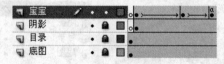

图 3-63　显示标记

(5)同样,分别选中"贝贝"、"真真"、"可可"及"爱爱"图层的第 29 帧、第 43 帧、第 57 帧及第 71 帧,选择菜单"窗口 | 动作"命令,弹出"动作"面板,在面板的左上方将脚本语言版本设置为"ActionScript 1.0&2.0",单击"将新项目添加到脚本中"按钮,在弹出的菜单中选择"全局函数 | 时间轴控制 | gotoAndStop"命令,在脚本语言后面的括号中输入数字"1",为其添加脚本语言,时间轴面板如图 3-64 所示。

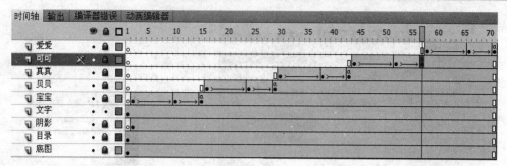

图 3-64　时间轴

（6）单击"时间轴"面板下方的"新建图层"按钮，创建新图层并将其命名为"按钮"。分别选择"按钮"图层的第 10 帧及第 11 帧、第 24 帧及第 25 帧、第 38 帧及第 39 帧、第 52 帧及第 53 帧、第 66 帧及第 67 帧，按"F6"键插入关键帧。

（7）选中"按钮"图层的第 10 帧，将库面板中的按钮元件"星"拖曳到相框的右下角，并使用"任意变形工具"调整其大小及位置，效果如图 3-65 所示。使用同样的方法选中"按钮"图层第 24 帧、第 38 帧、第 52 帧、第 66 帧，放置"星"按钮元件，其时间轴面板如图 3-66 所示。

图 3-65　"星"按钮

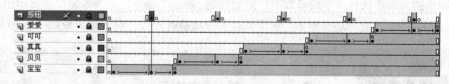

图 3-66　时间轴

（8）选中"按钮"图层的第 10 帧，在舞台窗口中选中"星"实例，选择菜单"窗口｜动作"命令，弹出"动作"面板，在面板的左上方将脚本语言版本设置为"ActionScript 1.0&2.0"，单击"将新项目添加到脚本中"按钮，在弹出的菜单中选择"全局函数｜影片剪辑控制｜on"命令，如图 3-67 所示，在脚本语言后面的括号中选择"press"命令，为其添加脚本语言。接着继续单击"将新项目添加到脚本中"按钮，在弹出的菜单中选择"全局函数｜时间轴控制｜gotoAndPlay"命令，在脚本语言后面的括号中输入数字"11"，为其添加脚本语言。最终在脚本窗口中显示出选择的脚本语言，如图 3-68 所示。

图 3-67　脚本语言

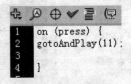

图 3-68　脚本语言窗口

（9）使用同样的方法选中"按钮"图层第 24 帧、第 38 帧、第 52 帧、第 66 帧中的"星"实例并对其进行操作，只需将脚本语言后面括号中的数字改成该帧的后一帧的帧数即可，如图 3-69 所示。

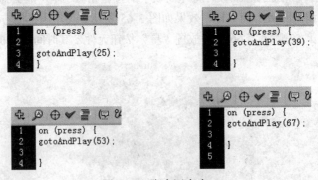

图 3-69　脚本语言窗口

（10）单击"时间轴"面板下方的"新建图层"按钮，创建新图层，并将其命名为"动作脚本"。分别选中第 10 帧、第 24 帧、第 38 帧、第 52 帧、第 66 帧，按"F6"键插入关键帧。

（11）选择"动作脚本"图层的第 1 帧，选择菜单"窗口｜动作"命令，弹出"动作"面板，在面板的左上方将脚本语言版本设置为"ActionScript 1.0&2.0"，单击"将新项目添加到脚本中"按钮，在弹出的菜单中选择"全局函数｜时间轴控制｜Stop"命令，在脚本窗口中显示出选择的脚本语言。用相同的方法对"动作脚本"图层其他关键帧进行操作，时间轴面板如图 3-70 所示。

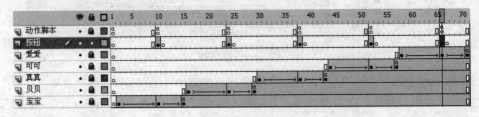

图 3-70　时间轴

（12）单击"目录"图层，在舞台窗口中选择"宝宝的照片"实例，选择菜单"窗口｜动作"命令，弹出"动作"面板，在面板的左上方将脚本语言版本设置为"ActionScript 1.0&2.0"，单击"将新项目添加到脚本中"按钮，在弹出的菜单中选择"全局函数｜影片剪辑控制｜on"命令，在脚本语言后面的括号中选择"press"命令，为其添加脚本语言。接着继续单击"将新项目添加到脚本中"按钮，在弹出的菜单中选择"全局函数｜时间轴控制｜gotoAndPlay"命令，在脚本语言后面的括号中输入数字"2"，为其添加脚本语言。最终在脚本窗口中显示出选择的脚本语言，如图3-71所示。

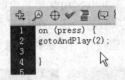

图3-71 脚本语言窗口

（13）使用同样的方法分别对"目录"图层中的其他按钮实例 "贝贝的照片"、"真真的照片"、"可可的照片"及"爱爱的照片"进行操作，只需修改脚本语言后面括号中的数字，将其改成与按钮实例名称对应图层的首个非空白关键帧的帧数即可，如图3-72所示。

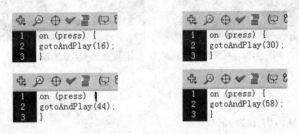

图3-72 脚本语言窗口

7.制作场景

（1）按"Shift+F2"组合键，调出"场景"面板，选择"场景1"，在"场景1"的第55帧，按"F5"键插入普通帧。

（2）使"场景1"位于"场景2"的上方，"场景"面板如图3-73所示。按"Ctrl+Enter"组合键即可查看效果，最终运行效果如图3-24所示。

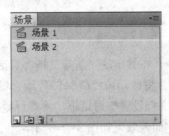

图3-73 "场景"面板效果

3.4 项目一 浏览婚礼照片

Flash电子相册是将照片连接起来形成动态影片，在Internet上和朋友们分享的一种方式。通过这种方式可以记录幸福的时光，表达对生活的热爱。相信大家通过该项目的演练，能够对电子相册的创作得心应手。

3.4.1 项目效果

本项目主要介绍通过"文字工具"、"任意变形工具"、"颜色"面板、"库"面板、"元件"的创建与使用、"传统补间动画"的制作、"Action Scriptr 语言"的编写及"场景"的创建与应用等知识来制作"浏览婚礼照片"项目。通过该项目的创建，学习脚本语言的编写与语句作用，掌握"传统补间动画"的创建方法及"场景"的创建与作用，最终项目效果如图 3-74 所示。

图 3-74　"浏览婚礼照片"场景 1 及场景 2 效果

3.4.2 项目目的

在本项目中，主要解决以下问题：

1. "文字工具"及"任意变形工具"的使用。
2. "库"面板的使用。
3. "传统补间动画"的创建与作用。
4. "遮罩动画"的创建与作用。
5. "ActionScript"语言的编写与相关语句作用。
6. "场景"的综合运用。

3.4.3 项目技术实训

1. 导入图片

（1）选择"文件 | 新建"命令，在弹出的"新建文档"对话框中选择"ActionScript 2.0"，单击"确定"按钮，进入新建文档舞台窗口。按"Ctrl+F3"组合键，弹出"属性"面板，单击"大小"右侧的"编辑"按钮，弹出"文档设置"对话框，将舞台宽度设为 800 像素，高度设为 450 像素，单击"确定"按钮，"属性"面板效果如图 3-75 所示。

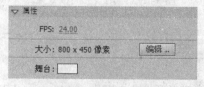

图 3-75　文档属性设置

（2）在"属性"面板中，单击"配置文件"右侧的"编辑"按钮，弹出"发布设置"对话框，选择"Flash"选项卡，将"播放器"设置为"Flash Player 10"，将"脚本"设置为"ActionScript 2.0"，如图 3-76 所示。

　　（3）选择"文件｜导入｜导入到库"命令，在弹出的"导入到库"对话框中选择"学习情境3｜素材｜浏览婚礼照片"文件夹下的所有文件，单击"打开"按钮，这些图片都被导入到"库"面板中，效果如图 3-77 所示。

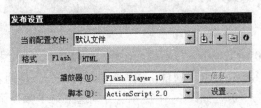

图 3-76　"Flash"选项卡设置　　　　　　　　　图 3-77　"库"面板

　　（4）使用"选择工具"将"首"图片拖入至舞台窗口，按"Ctrl+K"组合键，调出"对齐"面板，选中"对齐/相对舞台分布"选项☑ 与舞台对齐，然后单击"水平中齐"🔡、"垂直中齐"🔡、"匹配宽度"🔡、"匹配高度"🔡4 个图标，使图片与舞台大小相符合，效果如图 3-78 所示。

图 3-78　背景图片

　　2. 制作"背景"影片剪辑元件

　　（1）选中"背景"图片，按下"F8"键，在弹出的"转换为元件"对话框中，在"名称"选项文本框中输入"背景"，在"类型"下拉列表中选择"影片剪辑"选项，单击"确定"按钮，将其转换为影片剪辑元件，如图 3-79 所示。

　　（2）双击该"影片剪辑"元件，进入其编辑状态，将"图层 1"重新命名为"背景"，选中第30 帧，按"F5"键插入普通帧，在"背景"图层中单击"锁定/解除锁定所有图层"按钮，锁定"背景"图层。单击"时间轴"面板下方的"新建图层"按钮，创建新图层，并将其命名为"首 1"。将"背景"图层移到"首 1"图层的上方。

　　（3）单击"首 1"图层，选中第 1 帧，然后选择"选择工具"，将"首 1"图片从库中拖动至舞台窗口中，如图 3-80 所示。选中该图片，单击鼠标右键，从弹出的快捷菜单中选择"转换为元件"命令，在"名称"选项文本框中输入"首 1"，在"类型"下拉列表中选择"图形"选项，单击"确定"按钮,创建"首 1"图形元件。

图 3-79　转换为元件

图 3-80　首 1

(4) 单击"首 1"图层,在第 15 帧、第 30 帧上单击鼠标右键,在弹出的菜单中选择"插入关键帧"命令,选中第 15 帧,按"Ctrl+F3"组合键,打开"属性"面板,在"样式"下拉列表中选择"色调",将"红"及"绿"的值分别调整为"0",如图 3-81 所示。分别选中第 1 帧及第 15帧,单击鼠标右键,从弹出的快捷菜单中选择"创建传统补间"命令,时间轴面板如图 3-82 所示。

图 3-81　设置"色调"参数

图 3-82　时间轴面板

(5) 单击"时间轴"面板下方的"新建图层"按钮,创建新图层,并将其命名为"首 2"。将"背景"图层移到"首 2"图层的上方。

(6) 单击"首 2"图层,选中第 1 帧,然后选择"选择工具",将"首 2"图片从库中拖动至舞台窗口中,如图 3-83 所示。选中该图片,单击鼠标右键,从弹出的快捷菜单中选择"转换为元件"命令,在"名称"选项文本框中输入"首 2",在"类型"下拉列表中选择"图形"选项,单击"确定"按钮,创建"首 2"图形元件。

(7) 单击"首 2"图层,选中第 15 帧及第 30 帧,单击鼠标右键,在弹出的菜单中选择"插入关键帧"命令,选中第 15 帧,按"Ctrl+F3"组合键,打开"属性"面板,在"样式"下拉列表中选择"高级",将"蓝"的值调整为"-100",如图 3-84 所示。

图 3-83　首 2

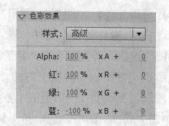

图 3-84　设置"高级"参数

3. 制作 "照片" 图形元件

（1）单击"时间轴"面板下方的"场景 1"图标 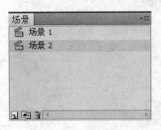 场景 1，进入"场景 1"的舞台窗口。按下"Shift+F2"组合键，弹出"场景"面板，单击"添加场景"按钮 ，创建"场景 2"，如图 3-85 所示。舞台窗口也相应切换到"场景 2"的舞台窗口，如图 3-86 所示。

图 3-85 "场景"面板

图 3-86 "场景 2"舞台窗口

（2）选中"图层 1"，将其重新命名为"底图"，使用"选择工具"将"底图"图片拖入至舞台窗口，按"Ctrl+K"组合键，调出"对齐"面板，选中"对齐/相对舞台分布"选项 ☑ 与舞台对齐，然后单击"水平中齐" 、"垂直中齐" 、"匹配宽度" 、"匹配高度" 4 个图标，使图片与舞台大小相符合，效果如图 3-87 所示。选中"底图"图层的第 250 帧，按"F5"键插入普通帧。

图 3-87 底图

（3）按"Ctrl+F8"组合键，弹出"创建新元件"对话框，在"名称"选项文本框中输入"照片"，在"类型"下拉列表中选择"图形"选项，单击"确定"按钮，创建"照片"图形元件，舞台窗口也同时转换为该元件的舞台窗口。

（4）分别将"库"面板中的图片"1"、"2"、"3"、"4"、"5"、"6"拖曳到舞台窗口中，并放置在同一高度，调出其"属性"面板，将所有照片的"Y"选项设为"-60"，"X"选项保持不变。选择"选择工具"，按住"Shift"键的同时选中所有照片。按"Ctrl+K"组合键，调出"对齐"面板，单击"水平平均间隔"命令 ，效果如图 3-88 所示。

图 3-88 照片元件

（5）按"Alt+Shift+F9"组合键，调出"颜色"面板，将"填充色"设为"黑色"，"Alpha"选项设为"50%"，如图 3-89 所示。选择"矩形工具"，在工具箱中将"笔触颜色"设为"无"，在舞台中绘制一个矩形，将其放置到照片的下方，效果如图 3-90 所示。

图 3-89　"颜色"面板

图 3-90　设置矩形

4．制作按钮元件

（1）单击"时间轴"面板下方的"场景 2"图标 场景 2，进入"场景 2"的舞台窗口。按"Ctrl+F8"组合键，弹出"创建新元件"对话框，在"名称"选项文本框中输入"按钮"，在"类型"下拉列表中选择"按钮"选项，单击"确定"按钮，创建"按钮"按钮元件，如图 3-91 所示，舞台窗口也同时转换为该元件的舞台窗口。

（2）使用"选择工具"将"弹起"图片拖入至舞台窗口，选中"指针经过"及"按下"帧，按"F7"键插入空白关键帧，使用"选择工具"，分别将"弹起"及"按下"图片拖入至舞台窗口，时间轴面板如图 3-92 所示。

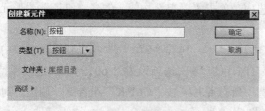

图 3-91　按钮元件

图 3-92　时间轴

5．制作照片浏览效果

（1）单击"时间轴"面板下方的"新建图层"按钮，创建新图层，并将其命名为"按钮"。选中"按钮"图层的第 2 帧，按"F6"键插入关键帧。单击"按钮"图层，选中第 1 帧，将"库"面板中的按钮元件"按钮"拖曳到舞台窗口右下方，如图 3-93 所示。

（2）选择"文本工具"，按"Ctrl+F3"组合键，打开"属性"面板，在"系列"下拉列表中选择"迷你简花蝶"，颜色为绿色（#00FF00），大小为 50 点，设置完成后输入"浏览"两个字，文字效果如图 3-94 所示。

图 3-93　按钮效果

图 3-94　文字效果

（3）选中"按钮"图层的第 1 帧，选择菜单"窗口｜动作"命令，弹出"动作"面板，在面板的左上方将脚本语言版本设置为"ActionScript 1.0&2.0"，单击"将新项目添加到脚本中"按钮，在弹出的菜单中选择"全局函数｜时间轴控制｜stop"命令，如图 3-95 所示。最终在脚本窗口中显示出选择的脚本语言，如图 3-96 所示。在"按钮"图层的第 1 帧上显示出标记"a"，如图 3-97 所示。

图 3-95　脚本语言窗口

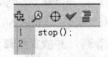

图 3-96　脚本语言

图 3-97　显示标记

（4）选中"按钮"图层的第 1 帧，在舞台窗口中选中"按钮"实例，选择菜单"窗口｜动作"命令，弹出"动作"面板，在面板的左上方将脚本语言版本设置为"ActionScript 1.0&2.0"，单击"将新项目添加到脚本中"按钮，在弹出的菜单中选择"全局函数｜影片剪辑控制｜on"命令，如图 3-98 所示，在脚本语言后面的括号中选择"release"命令，为其添加脚本语言。接着继续单击"将新项目添加到脚本中"按钮，在弹出的菜单中选择"全局函数｜时间轴控制｜gotoAndPlay"命令，在脚本语言后面的括号中输入数字"2"，为其添加脚本语言。最终在脚本窗口中显示出选择的脚本语言，如图 3-99 所示。

（5）单击"时间轴"面板下方的"新建图层"按钮，创建新图层，并将其命名为"照片"。选中"照片"图层的第 2 帧，按"F6"键插入关键帧。将"库"面板中的"照片"图形元件拖曳到舞台窗口的左边外侧，效果如图 3-100 所示。

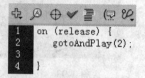

图 3-98　脚本语言

图 3-99　脚本语言窗口

（6）选中"照片"图层的第 250 帧，按"F6"键插入关键帧。按住"Shift"键的同时，将"照片"实例水平拖曳到舞台窗口的右边外侧，效果如图 3-101 所示。右击"照片"图层的第 2 帧，在弹出的菜单中选择"创建传统补间"命令，生成动画效果。

图 3-100　照片在窗口左边

图 3-101　照片在窗口右边

（7）在"时间轴"面板中创建新图层，并将其命名为"遮罩"。选中"遮罩"层的第 2 帧，按"F6"键插入关键帧。选择"矩形工具"，按"Ctrl+F3"组合键，打开"属性"面板，将"笔触颜色"设为"白色"，"笔触高度"设为"5"，将"填充颜色"设为"灰色（#666666）"，在舞台窗口绘制一个矩形。选中"任意变形工具"，将其调整到与照片实例等高，并放置到舞台窗口中下方，效果如图 3-102 所示。

图 3-102　绘制矩形

（8）选择"选择工具"，按"Shift+Alt"组合键的同时将矩形水平向左拖曳，进行复制。用相同的方法再次向右拖曳矩形进行复制，效果如图 3-103 所示。

图 3-103 复制矩形

（9）右击"遮罩"图层的名称，在弹出的菜单中选择"遮罩层"命令，将图层转换为遮罩层，如图 3-104 所示。在"遮罩"图层中单击"锁定/解除锁定所有图层"按钮，锁定"遮罩"图层。

图 3-104 创建遮罩效果

（10）单击"时间轴"面板下方的"新建图层"按钮，创建新图层，并将其命名为"白框"。选择"线条工具"，在"属性"面板中将"笔触颜色"设为"白色"，"笔触高度"设为"2"，按住"Shift"键，分别在舞台窗口中绘制一条垂直线段和一条水平线段，如图 3-105 所示。选中水平线段的同时，按住"Shift+Alt"组合键，向下拖曳线段，复制出一条新水平线段，并将其放置在竖直线段的下端，效果如图 3-106 所示。选择"选择工具"同时选中 3 条线段，按"Ctrl+G"组合键组合线段，效果如图 3-107 所示。将组合线段拖曳到与灰色矩形边框重合的位置，效果如图 3-108 所示。

图 3-105 绘制水平与垂直直线　　　图 3-106 复制水平直线　　　图 3-107 组合直线

（11）选中组合线段，按住"Alt"键的同时，将其向外侧拖曳进行复制，共复制 3 次。选中任意两个组合线段，选择"修改 | 变形 | 水平翻转"命令将其水平翻转。将组合线段分别放置到舞台窗口中的灰色矩形边框重合的位置，效果如图 3-109 所示。

图 3-108 　直线与边框重合　　　　　　　　　图 3-109 　直线效果

（12）选中"照片"图层的第 250 帧，同前，选择菜单"窗口 | 动作"命令，弹出"动作"面板，在面板的左上方将脚本语言版本设置为"ActionScript 1.0&2.0"，单击"将新项目添加到脚本中"按钮，在弹出的菜单中选择"全局函数 | 时间轴控制 | stop"命令。

6．制作场景

（1）按"Shift+F2"组合键，调出"场景"面板，选择"场景 1"，在"场景 1"的第 55 帧处，按"F5"键插入普通帧。

（2）使"场景 1"位于"场景 2"的上方，场景面板如图 3-110 所示。按"Ctrl+Enter"组合键即可查看效果，最终运行效果如图 3-111 所示。

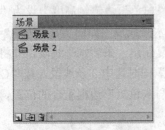 

图 3-110 　场景面板　　　　　　　　　　图 3-111 　运行效果

3.5 　项目拓展 　风景无限美妙

3.5.1 　项目效果

本项目是"电子相册"类创作的拓展与延伸，进一步介绍"按钮"元件的创建与使用，尤其要重点掌握"按钮"元件："弹起"、"指针经过"、"按下"及"点击" 4 个帧所起的作用。同时，进一步使用"库"面板创建"影片剪辑"元件及"图形"元件，使用"动作"面板添加脚本语言，使用"创建传统补间"动画命令创建动画效果。本项目以这些内容为基础进行创作，使学生掌握"电子相册"类的创作方法与流程，最终能够根据客户需求及市场调研结果，设计出对应市场的"电子相册"类动画产品。最终项目效果如图 3-112 所示。

图 3-112　"风景无限美妙"效果

3.5.2　项目目的

在本项目中，主要解决以下问题：

1. "文字工具"及"任意变形工具"的使用。
2. "库"面板的使用。
3. "按钮"元件的创建与作用。
4. "传统补间动画"的创建与作用。
5. "ActionScript"语言的编写与相关语句作用。

3.5.3　项目技术实训

1. 导入图片

（1）选择"文件 | 新建"命令，在弹出的"新建文档"对话框中选择"ActionScript 2.0"，单击"确定"按钮，进入新建文档舞台窗口。按"Ctrl+F3"组合键，弹出"属性"面板，单击"大小"右侧的"编辑"按钮，弹出"文档设置"对话框，将舞台宽度设为 800 像素，高度设为 450 像素，单击"确定"按钮，效果如图 3-113 所示。

图 3-113　文档属性设置

（2）在"属性"面板中，单击"配置文件"右侧的"编辑"按钮，弹出"发布设置"对话框，选择"Flash"选项卡，将"播放器"设置为"Flash Player 10"，将"脚本"设置为"ActionScript 2.0"，如图 3-114 所示。

（3）选择"文件｜导入｜导入到库"命令，在弹出的"导入到库"对话框中选择"学习情境3｜素材｜风景无限美妙"文件夹下的所有文件，单击"打开"按钮，这些图片都被导入到"库"面板中，效果如图 3-115 所示。

图 3-114 　"Flash"选项卡设置　　　　　　　　　　　图 3-115 　"库"面板

（4）使用"选择工具"将"背景"图片拖入至舞台窗口，按"Ctrl+K"组合键，调出"对齐"面板，选中"对齐/相对舞台分布"选项☑ 与舞台对齐，然后单击"水平中齐"￪、"垂直中齐"￫、"匹配宽度"￫、"匹配高度"￫4 个图标，使图片与舞台大小相符合，效果如图 3-116 所示。

图 3-116 　背景图片

2．制作按钮元件

（1）按"Ctrl+F8"组合键，弹出"创建新元件"对话框，在"名称"选项文本框中输入"按钮 1"，在"类型"下拉列表中选择"按钮"选项，单击"确定"按钮，创建"按钮 1"按钮元件，如图 3-117 所示，舞台窗口也同时转换为该元件的舞台窗口。

图 3-117 　创建新元件

（2）将"图层 1"命名为"按钮"，使用"选择工具"将"按钮 1"图片拖入至舞台窗口，选中该图片，单击鼠标右键，从弹出的快捷菜单中选择"转换为元件"命令，在"名称"选项文本框中输入"图片 1"，在"类型"下拉列表中选择"图形"选项，单击"确定"按钮，将其转换为图形元件，选中"指针经过"及"按下"帧，按"F6"键插入关键帧，选中"指针经过"帧，按"Ctrl+F3"组合键，打开"属性"面板，在"样式"下拉列表中选择"色调"，将"绿"值调整为"0"，如图3-118所示。选中"按下"帧，使用"任意变形工具"，按住"Shift"键的同时将其等比例缩小，时间轴面板如图3-119所示。

图 3-118　图片属性设置

图 3-119　按钮 1

（3）在"时间轴"面板中创建新图层并将其命名为"文字"。打开文字"属性"面板，在"系列"下拉列表中选择"创艺简行楷"，大小设为"24 点"，颜色设为"粉红色（#FF0033）"，如图3-120所示。使用同样的方法创建"按钮 2"、"按钮 3"及"按钮 4"（注意更换相应的图片），按钮效果如图 3-121 所示。

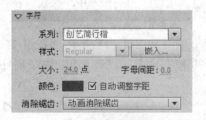

图 3-120　属性面板

图 3-121　按钮效果

3. 制作风景照片效果

（1）单击"时间轴"面板下方的"场景1"图标 场景1，进入"场景1"的舞台窗口。在"时间轴"面板中创建新图层并将其命名为"按钮"，将 4 个按钮元件分别拖曳至舞台窗口中，并调整好位置，如图3-122所示。

（2）在"时间轴"面板中创建新图层并将其命名为"照片"，分别选中该图层的第 2 帧、第10 帧、第20 帧及第30 帧，将"库"面板中的"照片 1"、"照片 2"、"照片 3"及"照片 4"拖曳至舞台窗口中，其效果如图 3-123 所示。

图 3-122　放入按钮元件

图 3-123　放入照片

（3）在"时间轴"面板中创建新图层并将其命名为"夹子"，将"库"面板中的"夹子"图片拖曳至舞台窗口，如图 3-124 所示。其时间轴面板如图 3-125 所示。

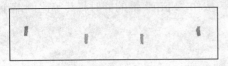

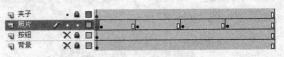

图 3-124　"夹子"图片　　　　　　　　　　　　　图 3-125　时间轴面板

（4）在"时间轴"面板中创建新图层并将其命名为"脚本"，分别选中该图层的第 1 帧、第 2帧、第 10 帧、第 20 帧及第 30 帧，选择菜单"窗口｜动作"命令，弹出"动作"面板，在面板的左上方将脚本语言版本设置为"ActionScript 1.0&2.0"，单击"将新项目添加到脚本中"按钮，在弹出的菜单中选择"全局函数｜时间轴控制｜stop"命令。

（5）单击"时间轴"面板下方的"场景"图标 ≦ 场景 1，进入"场景 1"的舞台窗口。选中舞台窗口中的"按钮 1"实例。选择菜单"窗口｜动作"命令，弹出"动作"面板，在面板的左上方将脚本语言版本设置为"ActionScript 1.0&2.0"，单击"将新项目添加到脚本中"按钮，在弹出的菜单中选择"全局函数｜影片剪辑控制｜on"命令，如图 3-126 所示，在脚本语言后面的括号中选择"release"命令，为其添加脚本语言。接着继续单击"将新项目添加到脚本中"按钮，在弹出的菜单中选择"全局函数｜时间轴控制｜gotoAndPlay"命令，在脚本语言后面的括号中输入数字"2"，为其添加脚本语言。最终在脚本窗口中显示出选择的脚本语言，如图 3-127 所示。"按钮 2"、"按钮 3"及"按钮 4"只需将帧数分别设置为"第 10 帧"、"第 20 帧"及"第 30 帧"即可。按"Ctrl+Enter"组合键即可查看效果，最终运行效果如图 3-112 所示。

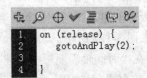

图 3-126　脚本语言　　　　　　　　　　　　　图 3-127　脚本语言窗口

3.6　学习情境小结

本学习情境通过案例导入及项目实战，使同学们能够熟练运用 Flash CS5 的工具箱中的相关工具来完成相关素材的创作，能够熟练使用"创建传统补间"命令完成动画的创作，能够根据作品需要使用"ActionScript"脚本语言完成所需的语句控件，并能够根据作品的创作需要，灵活地创建相关"场景"。通过本学习情境的学习，轻松得到想要的电子相册效果。使用电子相册可以记录下人生的美好时光，满足当今社会人们在工作和生活中不断提高的物质与精神需求。

3.7 学习情境练习三

拓展能力训练项目——休闲假日照片。

- 项目任务

  设计制作休闲假日照片。

- 客户要求

  以"幸福家庭的休闲假日"为主题，设计一张 500*500 像素的照片，以留住休闲假日全家的美好回忆。

- 关键技术

  ➢ "元件"的创建与使用。

  ➢ 动画节奏及时间控制。

  ➢ "ActionScript"脚本语言的使用

- 参照效果图

  休闲假日照片的最终制作效果如图 3-128 所示。

图 3-128 照片效果图

学习情境四

网页制作

 教学要求

学习情境	学习内容	能力要求
导入案例一：按钮的制作	① 按钮的制作	① 掌握按钮动画创建方法
导入案例二：网页导航条设计	② 导航条动画的制作	② 熟练网页导航条的制作方法
导入案例三：网页动画设计	③ 下拉式菜单的制作	③ 掌握网页布局的基本方法
项目五：个人主页制作	④ 网页动画的制作	④ ActionScript 语言在网页制作中的使用方法
拓展项目：产品展示网站制作	⑤ ActionScript 语言	⑤ 根据客户需要完成产品展示网站的制作

4.1 导入案例一 按钮的制作

4.1.1 案例效果

本例主要通过制作按钮了解按钮元件的内部结构。掌握按钮感应区的用法、为按钮按下效果添加声音的方法。当按钮提示文字不参与动画效果时，可将文字独立于按钮之外，这样可以减少制作成本，大大提高作品制作的效率。本例最终效果如图 4-1 所示。

图 4-1 "按钮动画"效果

4.1.2　案例目的

在本例中，要解决以下问题：

1. 创建按钮元件，了解按钮元件的内部结构。

2. 制作按钮感应区，让鼠标进入按钮区域即可响应。

3. 为按钮添加按下音效。

4.1.3　案例操作步骤

1. 创建图形元件

按 "Ctrl+F8" 组合键，创建一个名为 "导航按钮" 的按钮元件。按钮元件的时间轴上只有 4 帧，分别是 "弹起"、"指针经过"、"按下" 和 "点击"。

2. 绘制按钮感应区

选择 "矩形工具"，在按钮内部感应区图层 "弹起" 帧上绘制一个矩形，长 150 像素，宽 40 像素，坐标为（0,0），"填充颜色" 为白色（#FFFFFF），透明度（a 值）为 0%，绘制完成后选中矩形，按 "Ctrl+G" 组合键将其转换为组合，如图 4-2 所示。将图形绘制在注册点上，有助于网页布局时精确定位。

3. 绘制按钮 "弹起" 帧

（1）新建一个图层，命名为 "底边"。在新图层上绘制一个无边框矩形，"填充颜色" 选用线性渐变，矩形长 150 像素，宽 10 像素，坐为（0,0）。绘制完成后选中矩形，按 "Ctrl+G" 组合键将其转换为组合。

（2）复制该矩形，将横坐标设置为 0，纵坐标设置为 30。然后将步骤（1）绘制的按钮感应区的边框删除，效果如图 4-3 所示，时间轴如图 4-4 所示。"填充颜色" 设置如图 4-5 所示，这是一个金属质感效果，4 个 "颜色指针" 颜色值从左到右分别为（#E2D474）、（#DFD8A5）、（#A89513）和（#F0E6A2）。

图 4-2　绘制按钮感应区

图 4-3　线性渐变绘制的金属效果

图 4-4　按钮的时间轴

图 4-5　"颜色" 面板

4. 绘制按钮"指针经过"帧

（1）在"指针经过"帧处按"F6"键，插入一个关键帧，将该帧上图形的渐变色调亮，即将每个颜色的 S 值减少 15%。调整完毕，在"点击"帧处按"F5"键，使该帧延续。效果如图 4-6 所示，时间轴如图 4-7 所示，"颜色"面板如图 4-8 所示。

图 4-6　指针经过帧图形　　　　　　　　　　图 4-7　按钮的时间轴

图 4-8　"颜色"面板

（2）返回场景，将"导航按钮"拖曳至场景中，按"Ctrl+Enter"组合键测试效果，可观察按钮的指针经过时底边颜色提亮效果。

5. 绘制按钮"按下"帧

在"按下"帧处按"F7"键，插入空白关键帧，将"弹起"帧复制并粘帖到该帧。调整笔触为（#CC9900），选择颜料桶工具下的"墨水瓶工具"，如图 4-9 所示。进入两个矩形的组合内部，分别在图形上单击左键，为两个矩形描边，效果如图 4-10 所示。

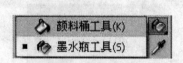

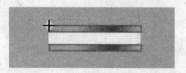

图 4-9　墨水瓶工具　　　　　　　　　　　　图 4-10　描边后的按钮

6. 为"按下"添加声音

（1）单击主菜单"文件|导入|导入到库"命令，将"学习情境 4|素材|按钮动画|Button1.wav"导入到元件库中，此时，库面板内容如图 4-11 所示。

（2）新建图层并命名为"声音"，在"按下"帧处按"F7"键，插入空白关键帧。选中这一帧，将元件库中的"Button1.wav"文件拖至场景，时间轴如图 4-12 所示。

图 4-11　导入声音后的库面板　　　　图 4-12　"按钮动画"实例的时间轴

7. 添加按钮文字

（1）退出按钮编辑状态，在场景 1 中拖入"导航按钮"元件，然后新建一个图层并命名为"文字"，在新图层上输入"我的首页"4 个字，选择适合按钮的字号和自己喜欢的字体，主场景时间轴如图 4-13 所示，效果如图 4-1 所示。

图 4-13　"按钮动画"主场景及时间轴

（2）保存源文件为"按钮动画.fla"，按"Ctrl+Enter"组合键测试影片效果。

1. 按钮元件内部有 4 帧：弹起、指针经过、按下、点击。
2. 在按钮内部图形不完全的情况下，为按钮添加完全透明的按钮感应区。
3. 按钮音效要添加在"按下"帧。
4. 常用快捷键：
　　F5　延续关键帧
　　F6　插入关键帧
　　F7　插入空白关键帧
　　Ctrl+F8　新建元件
　　Ctrl+G　组合对象
　　Ctrl+Enter　测试影片并导出"*.SWF"文件

4.2　导入案例二　网页导航条设计

4.2.1　案例效果

本案例主要通过综合运用绘图工具、"按钮元件"、"影片剪辑元件"来制作网页导航菜单。制作按钮出现动画时，应注意每个按钮元件占一个图层，不能将两个以上元件的动画放在同一图层内。

最终案例效果如图 4-14 所示。

我的首页　我的作品　我的心得　我的足迹　与我联系

图 4-14　"网站导航条"效果

4.2.2　案例目的

在本例中，要解决以下问题：

1. 使用"新建元件"的"高级选项"导入已经制作完成的元件。
2. 应用"影片剪辑元件"制作导航条的动画效果。
3. 将按钮提示文字与按钮分开，减少制作成本。

4.2.3　案例操作步骤

1. 创建影片剪辑元件

新建 Flash 文档，大小为 800*60 像素。按"Ctrl+F8"组合键新建影片剪辑元件"导航剪辑"。

2. 绘制边框

（1）在"导航剪辑"元件中绘制一个无"填充颜色"矩形，"笔触颜色"为（#CCCC00），长 800 像素，宽 60 像素，"笔触"为 5 像素，"样式"为"锯齿线"，矩形的"属性"面板如图 4-15 所示。

（2）选中矩形，选择主菜单"修改|形状|将线条转换为填充"命令，将笔触变成"填充"，调整后的"属性"面板如图 4-16 所示。矩形效果如图 4-17 所示。

图 4-15　线型矩形的属性

图 4-16　"填充颜色"型矩形的属性

图 4-17　将线条转换为"填充颜色"后的矩形

3. 导入元件

（1）按"Ctrl+F8"组合键新建按钮元件，元件名称为"导航按钮"，打开"高级"选项，输入元件名称"导航按钮"，类型选择"按钮"，"创建元件"对话框中的"创作时共享"部分如图 4-18 所示。

（2）单击"源文件"选项，选择"按钮动画"源文件，选择元件"导航按钮"，如图 4-19 所示。导入按钮后的元件库如图 4-20 所示，按钮元件中包含的声音文件也同时被导入。

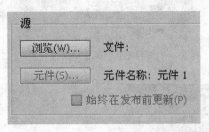

图 4-18　创建元件高级选项

图 4-19　选择做过的元件

图 4-20　导入按钮后的元件库

4. 制作按钮出现动画

（1）进入"导航剪辑"元件内部，将矩形所在图层改名为"边框"。

（2）新建一个图层，将按钮元件拖入场景，再复制 4 个元件，将 5 个按钮全部选中，利用"对齐面板"将 5 个按钮排列整齐，效果如图 4-21 所示。

图 4-21　排列整齐的按钮

（3）在舞台中选中所有按钮，单击右键，选择"分散到图层"删掉空图层，将新出现的 5 个图层按顺序重新命名，如图 4-22 所示。

（4）在 5 个图层的第 10 帧处按"F6"键，将 5 个图层第 1 帧的每一个按钮的"属性|色彩效果|样式"选为"Alpha"，并将"Alpha"值调整为"0%"。按钮的属性面板如图 4-23 所示。

（5）分别在 5 个图层时间轴的任意帧处单击右键，选择"创建传统补间"，时间轴如图 4-24 所示。

（6）在图 4-24 所示的所有图层上新建一个图层，命名为"文字"，在该层第 10 帧处按"F7"键，在该帧处输入 5 个按钮上的文字，然后用"对齐面板"将文字排列整齐，文字效果及时间轴如图 4-25 所示。

图 4-22　分散后的图层

图 4-23　按钮的属性

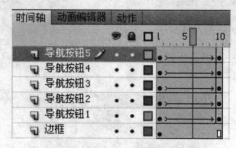

图 4-24　创建补间后的时间轴

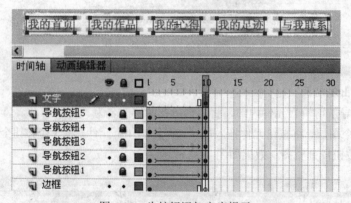

图 4-25　为按钮添加文字提示

5. 添加影片剪辑代码

（1）新建图层并命名为"代码"，在时间轴第 10 帧处按"F7"键，插入空白关键帧。

（2）按"F9"键调出"动作"面板，在代码层第 10 帧处输入代码"stop();"，如图 4-26 所示。

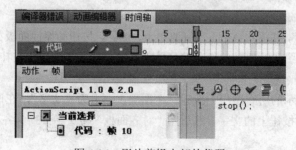

图 4-26　影片剪辑内部的代码

（3）按"Ctrl+Enter"组合键测试影片。

1. 使用"新建元件|高级"可以导入已有元件。
2. 在影片剪辑最后一帧添加代码"stop();"可以使影片剪辑只播放一次即停止，又不占用主时间轴时间长度。
3. 添加代码的帧上会出现标记"α"。
4. 使用对齐面板，可使界面中按钮组等同类对象排列整齐。
5. 如果需要给按钮上的文字添加动画，可将五组文字分别转换为元件后也分散到图层，然后再制作动画。
6. 使用"分散到图层"命令可将同一图层内的所有对象逐一分散到不同图层，以便为每一个对象分别制作动画效果。

4.3 导入案例三 网页动画设计

4.3.1 案例效果

本例通过综合运用绘图工具、影片剪辑元件、对齐面板等制作单个网页及其动画效果。案例效果如图 4-27 所示。

图 4-27 "页面动画"效果

4.3.2 案例目的

在本例中，要解决以下问题：
1. 页面的布局设计。
2. 页面的动画效果设计。

4.3.3 案例操作步骤

1. 创建图形元件
新建一个图形元件，命名为"页面"。

2. 绘制网页页面

（1）在"页面"元件内部创建一个无"填充颜色"的矩形，"笔触颜色"为（#CCCC00），"样式"为点刻线，"笔触"为 5，矩形如图 4-28 所示，矩形属性如图 4-29 所示。将矩形所在图层命名为"页框"。

图 4-28　矩形的效果　　　　　　　　　　图 4-29　矩形的属性

（2）新建一个图层，命名为"布局"，在该图层内绘制矩形，如图 4-30 所示，矩形的属性如图 4-31 所示。

图 4-30　布局图层上矩形的效果　　　　　　图 4-31　矩形的属性

（3）复制 2 个矩形，将三个矩形的大小调整，并布局成图 4-32 的样式。绘制完成后，选中三个矩形，按"Ctrl+G"组合键将其转换为组合。注意使用坐标值和对齐面板。

（4）选择"文件|导入|导入到库"命令，将素材"学习情境 5\素材\页面动画\LOGO.png"导入到库，新建一个图层，命名为"LOGO"，将图片拖至左上角矩形上方，新建一个图层，命名为"文字"，输入"我的作品"，如图 4-33 所示。

（5）在文字层输入自己所有作品的名字，如图 4-34 所示。新建图层"线条"，绘制一条虚线，虚线的属性如图 4-35 所示，复制这条虚线，排列如图 4-36 所示。

（6）新建图层，命名为"缩略图"，将"学习情境 4|素材|页面动画"文件夹中的"生日贺卡.jpg"、"手机广告.jpg"、"门户网站.jpg"等图片导入到库后，排列在下方的矩形之上，效果如图 4-37 所示；图形元件"页面"的时间轴如图 4-38 所示。

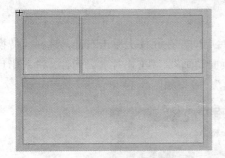
图 4-32　页面布局的效果

图 4-33　LOGO 效果

图 4-34　作品文字效果

图 4-35　虚线的属性

图 4-36　虚线排列的效果

图 4-37　页面整体效果

图 4-38　"页面"元件的时间轴

（7）页面下方矩形的位置上可以排列个人作品的缩略图。

3. 制作网页动画效果

（1）将图形元件"页面"拉入场景，放置在舞台中间，在元件上单击右键，选择"转换为元件"命令，选择"影片剪辑"，并将新元件命名为"页面动画"。双击影片剪辑元件，进入影片剪辑元件"页面动画"的编辑状态，将图层命名为"页面"。效果如图 4-39 所示。

图 4-39　"页面动画"元件内部编辑状态

（2）在第 30、33、36、40 帧处，分别按"F6"键插入关键帧，并创建 4 个"传统补间"动画。第 1 帧上元件坐标（-550,0），第 30 帧上元件坐标（150,0），第 33 帧上坐标（0,0），第 36 帧上坐标（60,0），第 40 帧上元件坐标（0,0）。这些坐标值是相对于影片剪辑元件"页面动画"的注册点的坐标值，不是相对于舞台的坐标。制作完成后的时间轴如图 4-40 所示。

图 4-40　"页面动画"元件的时间轴

4. 添加代码

（1）新建图层"代码"，在第 40 帧处按"F7"键，插入空白关键帧。

（2）在"代码"层第 40 帧处按"F9"键，在动作面板输入代码"stop();"，如图 4-41 所示。

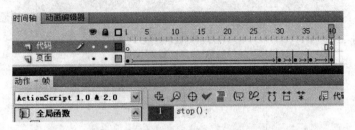

图 4-41 动作面板添加代码

5. 发布成品

选择主菜单中的"文件|发布设置"命令，对话框如图 4-42 所示。勾选"HTML 包装器"复选框，然后单击"发布"按钮，发布后的文档如图 4-43 所示。打开 SWF 文件和 HTML 文件观看效果。

图 4-42 "发布设置"对话框

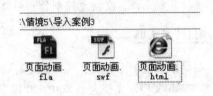

图 4-43 发布后的文档类型

1. 使用元件嵌套时注意编辑状态，元件内部可以使用图层，组合内部不可以使用图层。

2. 发布设置中勾选"HTML 包装器"复选框，可将 Flash 作品发布为 HTML 网页。

3. 使用"文件|导入|导入到库"命令可将外部素材导入到 Flash 源文件中使用，可导入的素材有：位图、声音、视频。

4.4 项目五 个人主页制作

4.4.1 项目效果

本项目通过综合运用绘图工具、元件嵌套制作"个人主页"网站。本例使用单个 Flash 文档实现多页面网站。最终项目效果如图 4-44 所示。

图 4-44　"个人主页"首页效果

4.4.2　项目目的

在本例中，要解决以下问题：

1. 使用"新建元件"的"高级选项"导入已经制作完成的元件。

2. 直接复制元件、交换元件制作相同效果的不同页面。

4.4.3　项目技术实训

1. 创建新文档

新建 Flash 文档，文档大小 800*600 像素，帧频 24fps（frame per second，帧每秒）。

2. 制作网站背景

（1）在场景中绘制一个无边框、"填充颜色"为"线性渐变"的矩形，大小 800*600 像素，坐标为（0,0）。绘制完成后选中矩形，按"Ctrl+G"组合键将其转换为组合。矩形如图 4-45 所示，颜色设置如图 4-46 所示，"线性渐变"的两个颜色指针分别为（#D6F5FF）和（#4DD1FF）。将该图层命名为"背景"。

图 4-45　网页背景

图 4-46　网页背景的颜色设置

（2）新建一个图层，命名为"气泡"，在新图层上绘制一个无边框正圆形，"填充颜色"为"径向渐变"，两个"颜色指针"均为白色（#FFFFFF），透明度（a 值）分别为 5%和 30%，如图 4-47 所示，圆形颜色属性如图 4-48 所示。绘制完成后按"Ctrl+G"组合键，将其转换为组合。

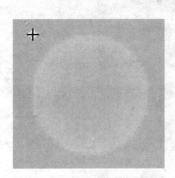

图 4-47　径向渐变的圆形

图 4-48　圆形"填充颜色"色的颜色面板

（3）复制一个圆形，进入组合内部，在不选中任何对象的情况下，将圆形调整为图 4-49 的形状，并使用渐变变形工具对渐变进行调整，制作成气泡的高光。制作完成后退出组内编辑状态。

（4）再复制两个圆形，将两个圆形组合叠在一起，留右下角一个月牙形，如图 4-50 所示。将两个圆形全选中，按"Ctrl+Shift+G"组合键取消组合，在圆形以外空白处单击一下，将左侧的圆形删除，再将剩下的月牙形状转换为组合，如图 4-51 所示。

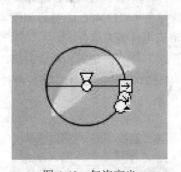

图 4-49　气泡高光

图 4-50　两个圆形叠放

（5）将图 4-47、图 4-49、图 4-51 所示的三个组合叠放在一起，再次组合，并将其转换为图形元件"气泡"。元件内效果如图 4-52 所示。

图 4-51　月牙形

图 4-52　图形元件"气泡"

（6）将绘制好的气泡复制多个，并调整其中一部分实例的大小，将所有实例分布在"背景"层上。效果及时间轴如图 4-53 所示。

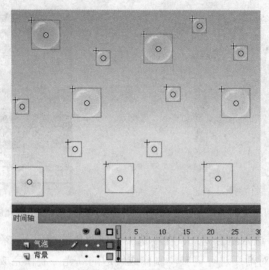

图 4-53　气泡在背景图层上分布

3．制作网站标题

（1）在"背景"图层和"气泡"图层之间新建一个图层，命名为"标题"，选择文本工具，输入"真我风彩"四个字，字体为"华文琥珀"，"颜色"为深绿色（#2EC40C），排版如图 4-54 所示。选中文本后两次单击右键选择"分离"，将文字打散成图形后再转换为组合。

（2）复制文字组合（注意，这里的文字是图形，而不是文本），并进入新组合内部，将"填充颜色"调整为"线性渐变"，渐变中的六个颜色指针为（#45F71C）和（#C1F7B5）两种颜色交替排列，两种文字效果如图 4-54 所示，颜色面板如图 4-55 所示。

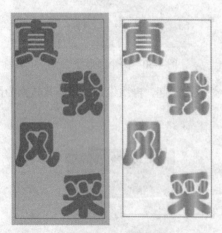

图 4-54　标题效果

图 4-55　标题颜色设置

（3）将两个组合重叠，渐变色"真我风采"文字组合在上，深绿色"真我风采"文字组合在下，渐变色图形向左、向上分别调整 2 像素，制作成阴影效果。将两个组合全选中，单击右键，选择"转换为元件"，将其转换为图形元件"真我风采"，如图 4-56 所示。

（4）在主场景编辑状态下右击"真我风采"图形元件，再次选择"转换为元件"，将其转换为影片剪辑元件"真我风采剪辑"。进入"真我风采剪辑"内部编辑状态，将图形元件"真我风采"所在图层命名为"文字"，并在第40帧处按"F6"键插入关键帧。

（5）选中第1帧处的图形元件，将其"属性|色彩效果|样式"选为Alpha，将数值调整为0%。第1帧上元件实例的属性如图4-57所示。在"文字"图层的任意帧处单击右键，选择"创建传统补间"。

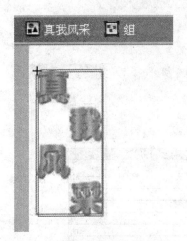

图4-56 图形元件"真我风采"

图4-57 "真我风采"实例属性

（6）新建一个图层，命名为"代码"，在第40帧处按"F7"键插入一个空白关键帧，按"F9"键调出动作面板，在这1帧上输入代码"stop();"。此时，影片剪辑"真我风采剪辑"的时间轴如图4-58所示。

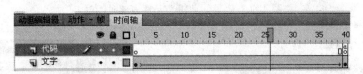

图4-58 "真我风采剪辑"元件内部时间轴

4. 导入导航条

（1）在场景1编辑状态下新建图层，命名为"导航"。

（2）按"Ctrl+F8"组合建新建一个影片剪辑元件，名称为"导航剪辑"，在"源文件"对话框中选择"情境4|导入案例2|网站导航条"，再在"选择元件"对话框中选择影片剪辑元件"导航剪辑"。

（3）将"导航剪辑"元件拖入场景中的"导航"图层，按 🔗 锁定元件的长宽比例，将宽度调整为600，坐标为（480,30），如图4-59所示。

（4）进入导航条内部，将所有图层的最后一帧拖曳至第40帧。此时，"导航剪辑"的时间轴如图4-60所示。

5. 制作首页及其动画

（1）在主场景时间轴上新建图层，命名为"页面"。

（2）在该图层上绘制矩形，宽600像素、高500像素，"笔触颜色"为（#000099），样式为极细线，"填充颜色"为线性渐变，渐变色的四个"颜色指针"分别为（#54D3FF）、（#BFEEFF）、（#83DFFF）和（#4DD1FF）。使用"渐变变形工具"，将渐变色调整为水平方向，如图 4-61 所示，渐变色的颜色面板如图 4-62 所示。制作完成后，选中矩形，按"Ctrl+G"组合键将其转换为组合。

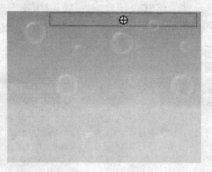

图 4-59　导航条位置

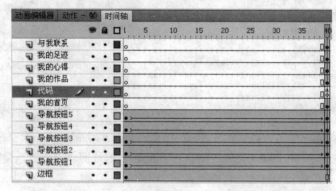

图 4-60　"导航剪辑"元件内部时间轴

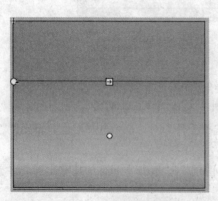

图 4-61　页面背景矩形

图 4-62　矩形"填充颜色"

（3）将上述矩形转换为图形元件，命名为"首页"，"对齐"选择为左上角，将矩形所在图层命名为"背景"。在该图层内再绘制一个无边框矩形，宽 598 像素，高 80 像素，坐标为（1,1），"填充颜色"为线性渐变，渐变的四个"颜色指针"分别为（#4DD1FF）、（#B4ECFF）、（#B4ECFF）和（#4DD1FF），使用"渐变变形工具"，将渐变色调整为水平方向，制作成页面标题背景，效果如图 4-63 所示，渐变色的颜色面板如图 4-64 所示。

图 4-63　页面标题背景

图 4-64　标题背景"填充颜色"

（4）新建一个图层，命名为"文字"，在该图层中输入首页文字，如图 4-65 所示。

（5）退出图形元件"首页"的编辑状态，在图形元件"首页"上单击右键，选择"转换为元件"，将其转换为影片剪辑元件，"对齐"选择左上角，名称为"首页剪辑"。

（6）进入"首页剪辑"元件内部，将元件"首页"所在图层命名为"内容"，并在该图层的第 24 帧处按"F6"键插入关键帧。返回第 1 帧，将第 1 帧上的元件"首页"横坐标改为 650，使之处于舞台之外。在该图层的任意帧处单击右键，选择"创建传统补间"。

（7）新建一个图层，命名为"代码"，在第 24 帧处按"F7"键插入空白关键帧，在该帧处写入代码"stop();"。"首页剪辑"元件的时间轴如图 4-66 所示。

图 4-65　输入首页文字

图 4-66　"首页剪辑"的时间轴

6. 制作其他页面

（1）按"Ctrl+L"组合键进入元件库，在图形元件"首页"上单击右键，选择"直接复制"，名称改为"作品"。再将"首页剪辑"元件直接复制为"作品剪辑"。

（2）进入"作品"元件内部，将文字图层的内容替换为"我的作品"，新建一个图层，命名为"内容"，打开"学习情境 4|效果|页面动画.fla"，将图形元件"页面"改名为"作品内容"，并复制到本例的元件库中，将这个元件拖入"内容"图层，位置如图 4-67 所示。

（3）进入"作品剪辑"元件内部，在"首页"实例上单击右键，选择"交换元件"后，将其替换为"作品"元件。

图 4-67　作品页面

（4）重复以上三个步骤，制作出"心得剪辑"、"足迹剪辑"和"联系剪辑"三个影片剪辑。其中，"心得"和"足迹"两个图形元件内容请自行设计。此时，元件库内容如图 4-68 所示。

图 4-68　元件库内容

7. 制作网站框架

（1）将场景 1 中所有图层都延续到第 5 帧，在"页面"图层的每一帧上按"F7"键插入空白关键帧，分别把"作品剪辑"、"心得剪辑"、"足迹剪辑"和"联系剪辑"拖入场景中"页面"图层的第 2 至 5 帧，1～5 帧上所有的剪辑坐标都为（165,80）。

（2）将 5 帧的帧标签名称都改为剪辑名称的拼音全拼"shouye"、"zuopin"、"xinde"、"zuji"和"lianxi"，首页的帧属性如图 4-69 所示。加入帧标签后，时间轴上该帧出现一面小红旗。

图 4-69　首页的帧属性

（3）新建图层，命名为"代码"，在 5 帧上分别按"F7"键插入空白关键帧，在每一帧上都写入代码"stop();"。此时，主场景时间轴如图 4-70 所示。

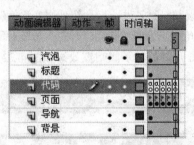

图 4-70　主场景时间轴

8. 为导航按钮添加代码

（1）进入影片剪辑"导航剪辑"内部，单击"我的首页"后方的按钮，在"动作面板"是"动作－按钮"的状态下输入代码"on(press){_root.gotoAndStop("shouye");}"，代码格式如图 4-71 所示。

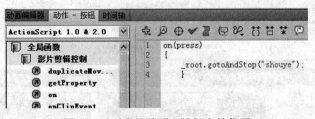

图 4-71　"我的首页"按钮上的代码

（2）依次将这段代码复制到后边的 4 个按钮上，并将"shouye"替换为相应页面的标签。

9. 发布网站

（1）选择主菜单"文件|发布设置"命令，勾选"Flash(.swf)"和"HTML 包装器"复选框，单击"发布"按钮。

（2）打开"个人主页.html"查看网站效果。网站首页如图 4-44 所示。

1. 将图形元件转换为影片剪辑元件时，是在图形元件外又罩了一层影片剪辑元件，而不是把图形元件变成影片剪辑，本例中的元件采用的皆是从内向外的制作方法，即先制作，后转换为元件。

2. 制作同一效果的不同页面时，可将影片剪辑元件直接复制后，替换其中的图形元件。

3. on(press)

   {_root.gotoAndStop("shouye");}

代码含义：

当鼠标按下时

   {主场景跳转至"shouye"帧并停止播放}

4.5 项目拓展 产品展示网站制作

4.5.1 项目效果

本项目是"网站"制作的拓展与延伸，进一步介绍使用"颜色"面板制作网页背景线性渐变色、使用"基本矩形工具"制作的圆角矩形背景、使用"对齐"面板对网页内容进行布局、使用"动作"面板添加脚本语言加载外部影片。"产品展示网站"效果如图 4-72 所示。

图 4-72 "产品展示网站"效果

4.5.2　项目目的

在本项目中，要解决以下问题：

1. 制作作品遮幅，防止作品穿帮。
2. 使用按钮元件与影片剪辑元件配合制作有下拉菜单的导航条。
3. 使用多组合嵌套制作网站页面，减少图层的使用。

4.5.3　项目技术实训

1. 创建新文档

创建新的 Flash 文档，文档大小为 1024*800 像素。

2. 制作网页遮幅

（1）绘制无"填充颜色"矩形，宽 800 像素，长 600 像素，坐标为（112,0），"样式"为极细线，"笔触颜色"为蓝色（#0099FF），按"Ctrl+G"组合键转换为组合。复制这个矩形，用变形面板将其扩大为 200%，坐标为（-288,-300）。

（2）选中两个矩形，按"Ctrl+Shift+G"组合建取消组合，选择"颜料桶"工具，在两个矩形之间用蓝色（#0099FF）填充。将内侧线条删除后，将矩形转换为组合。

（3）将矩形所在图层命名为"遮幅"，并将该图层上锁。图形及时间轴如图 4-73 所示。

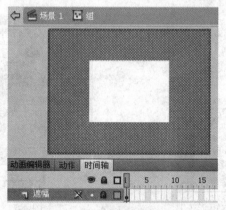

图 4-73　遮幅及其时间轴

3. 制作网站主页

（1）将上述文档保存为"index.fla"，在该文档中新建图层"背景"，在该图层内绘制蓝色（#0066FF）无边框矩形，大小为 798*120 像素，坐标为（113.5,1）。将矩形转换为组合。

（2）使用文本工具 T 输入"XX 科技开发有限公司"，字体为"华文琥珀"，在文本上单击右键选择"分离"，反复两次，将文本打散成图形，转换为组合后进入组合内部。"文字颜色"调整为线性渐变，两个"颜色指针"分别为（#DFDFDF）和（#FFFFFF），文字效果如图 4-74 所示，文字的颜色面板如图 4-75 所示。制作完成后，退出文字组合的编辑状态。

（3）选择"基本矩形工具"（如图 4-76 所示），绘制无边框基本矩形，"填充颜色"为横向线性渐变，四个"颜色指针"分别为（#E0E0E0）、（#F7F7F7）、（#F7F7F7）和（#E0E0E0），颜色属性如图 4-77 所示，矩形边角半径值为 10，如图 4-78 所示。绘制完成后，将上述三个组合再次组合，效果如图 4-79 所示。

图 4-74　网站标题文字效果

图 4-75　标题文字的颜色

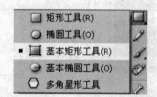

图 4-76　选择基本矩形工具

图 4-77　导航条背景颜色

图 4-78　基本矩形属性设置

图 4-79　组合效果

（4）导入素材图片"学习情境 4|素材|产品展示网站|首页广告 1.jpg"和"学习情境 4|素材|产品展示网站|首页广告 2.jpg"，使用属性面板，将图片等比例调整至宽 400 像素大小，放置在网站标题的下方，转换为组合，如图 4-80 所示。

图 4-80　网站广告栏

（5）绘制一个基本矩形，"填充颜色"为浅蓝色（#3A98FF），宽 150 像素，高 100 像素，矩形边角半径设置为 12，矩形属性如图 4-81 所示。再绘制一个基本矩形，"填充颜色"为线性渐变，两个"颜色指针"分别为（#E0E0E0）和（#F7F7F7），宽 150 像素，高 200 像素，矩形属性如图 4-82 所示。使用"文本工具"输入文字：产品分类，字体为"幼圆"，大小为 20 点，颜色为白色（#FFFFFF），文本属性如图 4-83 所示。最后，使用"文本工具"输入产品的五个分类："厂房"、"刮板输送机"、"转载机"、"采煤机"和"侧臂式截割部"，"行距"为 10 点，文本属性如图 4-84 所示。左侧导航整体效果如图 4-85 所示。将四个部分组合在一起，放置在坐标为（113.5,225）的位置上。

图 4-81　蓝色基本矩形的属性

图 4-82　灰白渐变基本矩形的属性

（6）同样的方法制作"联系我们"左边栏，位置放在坐标为（113.5,450）的位置上。"联系我们"效果如图 4-86 所示。

（7）新建图层，命名为"内容"，使用步骤（5）的方法制作"公司简介"组合，宽 640 像素，高 335 像素，坐标（270,2250）。"产品展示"组合宽 640 像素，高 135 像素，坐标（270,460）。整体效果如图 4-87 所示。此时，"index.fla" 文档的时间轴如图 4-88 所示。

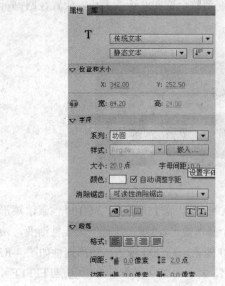

图 4-83　标题文字的属性　　　　　　　　图 4-84　导航文字的属性

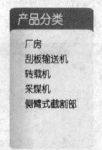

图 4-85　产品分类　　　　　　　　　　图 4-86　联系我们

图 4-87　首页整体效果

图 4-88　"index.fla" 文档主场景时间轴

4.　制作网站导航按钮

（1）新建一个图层，命名为"导航"，在该图层内绘制一个有边框的基本矩形，宽 100 像素，高 30 像素，"笔触颜色"为蓝色（#0066FF），"填充颜色"为白色（#FFFFFF），"矩形边角半径"为 6，坐标为（165,75）。在矩形上单击右键，选择"转换为元件"，元件名称为"网站首页"，类型为"按钮"，"对齐"选择左上角。双击进入按钮元件"网站首页"内部编辑状态，如图 4-89 所示。

（2）在"背景"图层的"指针经过"帧按"F6"键插入关键帧，将基本矩形的"填充颜色"改为蓝色（#0066FF）。在"按下"帧处按"F7"键插入空白关键帧，将"弹起"帧上的内容复制并粘帖至该帧。在"点击"帧处按"F5"键延续前一帧。"指针经过"帧效果及当前时间轴如图 4-90 所示。"按下"帧与"点击"帧效果与"弹起"帧相同，如图 4-89 所示。

图 4-89　"网站首页"按钮内部编辑状态

图 4-90　指针经过效果及时间轴

（3）在按钮元件"网站首页"内部新建一个图层，命名为"文字"，在该图层输入文字"网站首页"，字体选择"幼圆"，在文本上单击右键选择"分离"，重复两次，将文本打散成图形，再将整个图形选中，按"Ctrl+G"组合键将文字图形转换为组合。效果及时间轴如图 4-91 所示。

（4）在"文字"图层的"指针按下"帧处按"F6"键插入关键帧，进入文字组合内部，将"填充颜色"改为白色（#FFFFFF）。在"文字"图层的"按下"帧处按"F7"键插入空白关键帧，将"弹起"帧上的内容复制并粘帖到该帧。"指针经过"帧效果及时间轴如图 4-92 所示。"按下"帧效果与"弹起"帧效果相同，如图 4-91 所示。

图 4-91　加入文字的按钮弹起效果

图 4-92　加入文字的指针经过效果及时间轴

（5）将"学习情境 4|素材|产品展示网站|index.fla"文档中的声音元件"sound 311"直接复制到当前文档的元件库中，新建图层"声音"，在"按下"帧处按"F7"键插入空白关键帧，在该帧处将声音元件"sound311"拖曳入场景中。"shouye"按钮时间轴效果如图 4-93 所示。

图 4-93　按钮"网站首页"的时间轴

（6）按上述方法将"公司简介"、"产品分类"、"成功案例"和"联系我们"四个按钮做好。将制作完成的五个按钮用"对齐"面板排列整齐，导航图层的效果及当前主场景时间轴如图 4-94 所示。

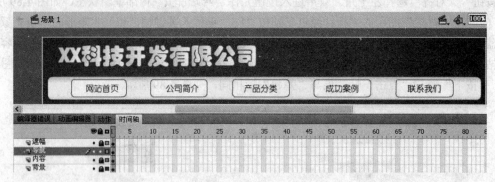

图 4-94　导航图层在网页中的整体效果

5. 制作导航下拉菜单

当鼠标经过"产品分类"按钮时，要出现如图 4-95 所示的下拉菜单。操作步骤如下：

（1）在导航图层绘制一个无边框的基本矩形，宽 100 像素，高 120 像素，"填充颜色"为线性渐变，渐变中的两个"颜色指针"分别为（#E7E7E7）和（#FFFFFF），矩形边角半径为 10，坐标为（457,105）。复制这个基本矩形，将"填充颜色"类型改为"纯色"，颜色为黑色（#000000），坐标为（458,108）。右键单击黑色矩形，选择"排列|移至底层"，将黑色矩形移至渐变色矩形下方并组合，制作成阴影效果，如图 4-96 所示。

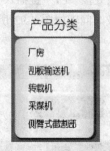

图 4-95　下拉菜单效果

图 4-96　下拉菜单背景矩形

（2）在组合上单击右键，选择"转换为元件"，将矩形转换为影片剪辑元件"产品分类剪辑"，"对齐"选择左上角，将矩形所在图层命名为"背景"。

（3）在"背景"图层上新建一个图层，命名为"文字"，在该图层使用"文本工具"输入五个分类的名称，并调整行距为 10 点。将"背景"与"文字"图层上的内容选中并拖曳至第 2 帧，使第 1 帧变为空白关键帧，此时，影片剪辑内部及其时间轴如图 4-97 所示。

（4）在"文字"图层上新建一个图层，命名为"大按钮"，在这个图层内绘制一个"填充颜色"为白色（#FFFFFF）、透明度（a 值）为 0% 的矩形，宽 100 像素，高 150 像素，坐标（0,-30）。在矩形上单击右键，选择"转换为元件"，元件名称为"透明按钮"，"对齐"为左上角。选中按钮，按"F9"键调出"动作"面板，在面板状态为"动作－按钮"、当前选择为"透明按钮"时，输入代码，如图 4-98 所示。

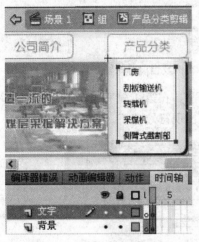

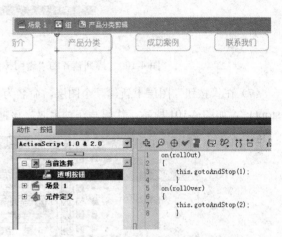

图 4-97　下拉菜单中的文字　　　　　　　图 4-98　透明大按钮上的代码

（5）在"大按钮"图层上新建图层，命名为"按钮"，在该图层上绘制一个无边框矩形，"填充颜色"为白色（#FFFFFF），透明度（a 值）为 0%，宽 100 像素，高 17 像素。在该矩形上单击右键，选择"转换为元件"，元件名称为"透明按钮 2"，"对齐"为左上角。进入"透明按钮 2"元件内部，在"指针按下"帧按"F6"键插入关键帧，将这一帧上的矩形颜色改为红色（#FF7979），透明度（a 值）改为 70%。在"点击"帧处按"F5"键延续帧。"透明按钮 2"的效果及时间轴如图 4-99 所示。

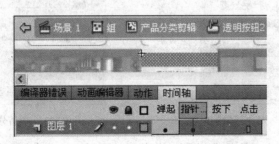

图 4-99　"透明按钮 2"内部及时间轴

（6）退出"透明按钮 2"元件编辑状态，复制 4 个相同的按钮，用"对齐面板"将五个按钮排列整齐，并与文字对齐，如图 4-100 所示。依次将五个按钮的实例名称改为："厂房"、"刮板"、"转载"、"采煤"、"侧臂"。这五个按钮上的代码需要在子页面制作完成后添加。

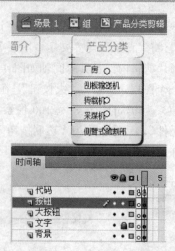

图 4-100　排列整齐的"透明按钮 2"实例及当前时间轴

（7）在"按钮"图层上新建一个图层，命名为"代码"，在第 1 帧和第 2 帧上分别加入代码"stop();"，如图 4-101 所示。代码写在帧上时，该帧上会出现符号"α"。

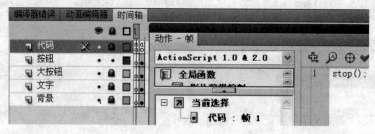

图 4-101　"产品分类剪辑"影片剪辑帧上的代码

（8）退出"产品分类剪辑"编辑状态，将按钮"产品分类"和影片剪辑"产品分类剪辑"编辑为组合，由于影片剪辑第 1 帧没有内容，组合内部如图 4-102 所示。

图 4-102　按钮与影片剪辑的组合

图 4-103　产品分类剪辑的属性

（9）选中场景中的"产品分类剪辑"，将其属性面板中的"实例名称"改为"cpfljj"，如图 4-103 所示。

（10）按上述步骤制作影片剪辑"成功案例剪辑"，其效果如图 4-104 所示，案例名称改为"cgaljj"，如图 4-105 所示。将按钮层的 5 个按钮属性面板中的"实例名称"分别改为"案例 1"至"案例 5"。

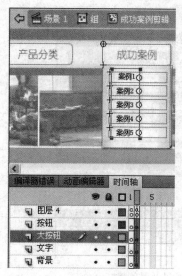

图 4-104　成功案例剪辑效果　　　　　　图 4-105　成功案例剪辑的属性

6.　制作子页面

（1）保存 index.fla 文件后，将 index.fla 另存为"jianjie.fla"。把"背景"和"导航"两个图层删除，将内容图层中的"产品展示"组合删除。

（2）将"公司简介"组合大小调整为宽 650 像素、高 365 像素，并将简介内容字号适当调整，如图 4-106 所示。

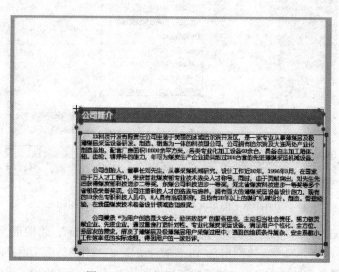

图 4-106　"jianjie.fla"文档内容

（3）选中"公司简介"组合，单击右键选择"转换为元件"，元件名称命名为"简介"，类型为"图形"。

（4）在主场景的第 20 帧处按"F6"键插入关键帧，将第 1 帧处的元件纵坐标改为 600。

（5）右击内容图层的时间轴，选择"创建传统补间"。

（6）新建图层"代码"，在第 20 帧处按"F7"键插入空白关键帧，在该帧处输入代码"stop();"。"jianjie.fla"文档的主时间轴及最后效果如图 4-107 所示。

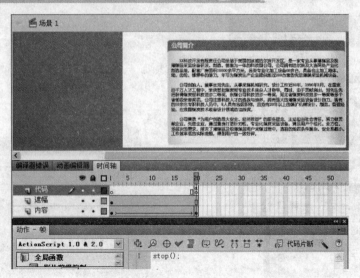

图 4-107 jianjie.fla 源文件主场景及时间轴

（7）保存 jianjie.fla 后，将这个文档另存为"lianxi.fla"，将图形元件"简介"的名称改为"联系"，将页面内容修改为图 4-108 所示的内容。

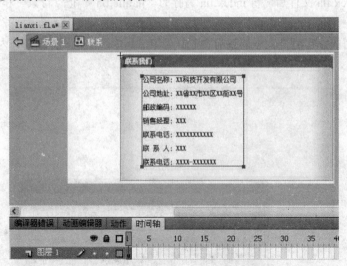

图 4-108 图形元件"联系"内容及其时间轴

（8）保存 lianxi.fla 后，将这个文档再另存为"changfang01.fla"，将图形元件的名称改为"厂房"，标题文字"公司简介"改为"厂房"。将"学习情境 4|素材|产品展示网站|厂房 1.jpg"等四张图片导入到库，在图形元件"厂房"内部新建图层"图片"，将四张图片拉入该图层中并排列整齐，如图 4-109 所示。

（9）退出图形元件"厂房"编辑状态，选中第 1 帧上的厂房元件，将其坐标改为（940,225），使页面从右侧进入主场景。

（10）重复步骤（8）、（9），制作"guaban02.fla"、"zhuanzai03.fla"、"caimei04.fla"、"cebi05.fla"以及"anli01.fla"、"anli02.fla"、"anli03.fla"、"anli04.fla"和"anli05.fla"。"anli01.fla"文档主场景及时间轴如图 4-110 所示。

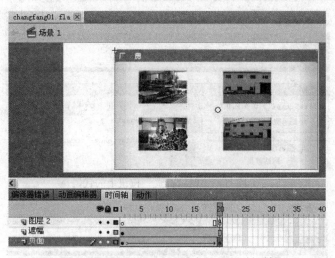

图 4-109　changfang01.fla 主场景及时间轴

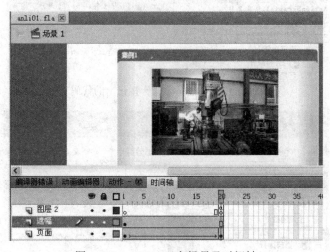

图 4-110　anli01.fla 主场景及时间轴

（11）将所有子页面导出"*.swf"动画文件，即 jianjie.swf、lianxi.swf、changfang01.swf、guaban02.swf、zhuanzai03.swf、caimei04.swf、cebi05.swf、anli01.swf、anli02.swf、anli03.swf、anli04.swf、anli05.swf。

7. 添加主页链接代码

（1）重新打开 index.fla 文件，选中"网站首页"按钮，在动作面板"动作-按钮"当前选择为"网站首页"按钮的状态下输入代码，如图 4-111 所示。

（2）选中"公司简介"按钮，在动作面板"动作-按钮"当前选择为"公司简介"按钮的状态下输入代码，如图 4-112 所示。

（3）选中"产品分类"按钮，在动作面板"动作-按钮"当前选择为"产品分类"按钮的状态下输入代码，如图 4-113 所示。

（4）选中"成功案例"按钮，在动作面板"动作-按钮"当前选择为"成功案例"按钮的状态下输入代码，如图 4-114 所示。

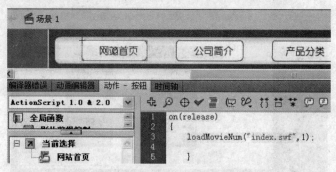

图 4-111 "网站首页"按钮上的代码

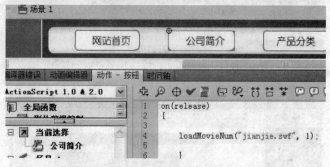

图 4-112 "公司简介"按钮上的代码

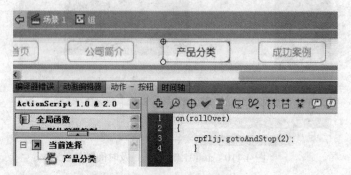

图 4-113 "产品分类"按钮上的代码

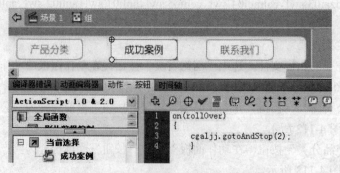

图 4-114 "成功案例"按钮上的代码

（5）选中"联系我们"按钮，在动作面板"动作－按钮"当前选择为"联系我们"按钮的状态下输入代码，如图 4-115 所示。

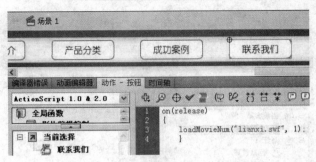

图 4-115　"联系我们"按钮上的代码

（6）进入"产品分类剪辑"内部，选中按钮"厂房"，在动作面板"动作－按钮"当前选择为"透明按钮 2，<厂房>"按钮的状态下输入代码，如图 4-116 所示。

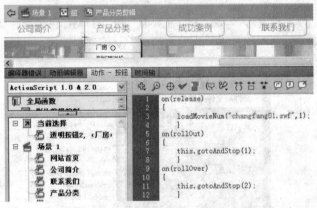

图 4-116　按钮"透明按钮 2，<厂房>"上的代码

（7）"透明按钮 2，<刮板>"上的代码只在第 3 行绿色的参数不同，如图 4-117 所示。"透明按钮 2，<转载>"第 3 行的参数为 laodMovieNum() 的参数改为"caimei04.swf"，"透明按钮 2，<采煤>"laodMovieNum() 的参数改为"zhuanzai03.swf"，"透明按钮 2，<侧臂>"laodMovieNum() 的参数改为"cebi05.swf"。

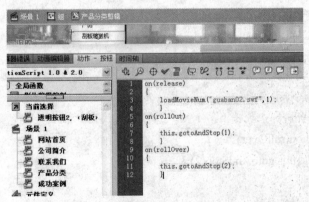

图 4-117　按钮"透明按钮 2，<刮板>"上的代码

（8）进入"成功案例剪辑"内部，将上图中的代码复制到按钮"案例 1"的动作面板中，把 laodMovieNum() 的参数改为"anli01.swf"，如图 4-118 所示。

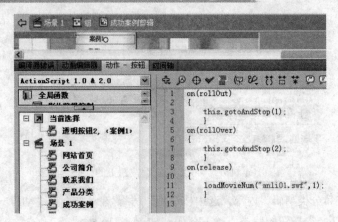

图 4-118 按钮 "透明按钮 2,＜案例 1＞" 上的代码

（9）选择 "文件|发布设置"，勾选 "Flash(.swf)" 和 "HTML 包装器" 复选框，再选择 "文件|发布"，新建 "产品展示网站" 文件夹，将发布的所有文档复制到该文件夹中，如图 4-119 所示。

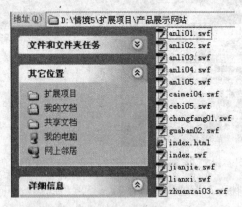

图 4-119 "产品展示网站" 文件夹

相关知识

1. 区分 "文字" 与 "文本" 的概念，文字是文本或者图形的内容，而文本是文字的类别属性。

2. on(rollOut)

　　{this.gotoAndStop(1);}

代码含义：

当鼠标滑离时

{当前对象跳转至第 1 帧，并停止播放}

3. on(rollOver)

　　{this.gotoAndStop(2);}

代码含义：

　　当鼠标经过时

　　{当前对象跳转至第 2 帧，并停止播放}

4. loadMovieNum("changfang01.swf",1);

代码含义：加载外部影片 changfang01.swf

4.6　学习情境小结

本学习情境通过案例导入及项目实战，使同学们能够掌握制作网页和网页中的按钮及菜单的方法和技巧，并能够根据不同需要，制作色彩丰富、风格独特、图文并茂的网页动画。通过本学习情境的学习，轻松学习 Flash 网站的制作方法。Flash 网站布局活泼、动画酷炫，是制作个人网站和特色网站的佳选。

4.7　学习情境练习五

拓展能力训练项目——企业门户网站模板。

● 项目任务
　　设计制作一个企业门户网站的模板。
● 客户要求
　　以"冬天的思念"为主题，设计一张 800*800 像素的网站，包含公司主页、企业服务、客户简介、公司信息以及客户留言等内容。
● 关键技术
　　➢　ActionScript 3.0 代码。
　　➢　影片剪辑嵌套。
　　➢　页面卷滚条。
● 参照效果图
　　企业门户网站的最终制作效果如图 4-120 所示。

图 4-120　企业网站模板

学习情境五

MV 制作

教学要求

学习情境	学习内容	能力要求
导入案例一：歌曲片段 MV 制作	① 导入音频	① 掌握 Flash CS5 的使用方法
导入案例二：英文歌曲 MV 制作	② 音频的属性	② 熟练掌握各种补间动画的创建方法
导入案例三：儿童歌曲 MV 制作	③ 标签的制作	③ 掌握按钮的创建方法
	④ 歌词的制作	④ ActionScript 语言的基本应用方法
项目一：我是一只小小鸟	⑤ 字幕的制作	⑤ 对作品整体风格的掌控能力
扩展项目：光阴的故事	⑥ 动画制作	
	⑦ 整体风格的呈现	

5.1 导入案例一 歌曲片段 MV 制作

5.1.1 案例效果

　　本案例主要对 MV 的创作过程作初步的了解，MV 的创作大致分为三个部分：歌曲、歌词和动画。在创作一个 Flash MV 之前，要构思好剧本，也就是 MV 的轮廓，要思考怎样将音乐和画面完美地融合在一起，不求达到天人合一的效果，但要让别人能看懂你所要表达的意思。那么，在选好一首歌曲后，首先要在头脑里勾画轮廓，再将想用的笔在纸上大概绘制好，需要几个画面，每个画面有哪些动作；再细致分就是每个画面需要哪些图层，每个图层有哪些元素；哪些元素需要动起来，哪些元素是静态的，建议静态的画面制作成图形元件，而动态的画面制作成影片剪辑元件，分画面的构思实际上也就是分镜头处理，并且我们建议在文件中尽量减少使用位图的次数，这样会使得文件的体积增大，建议大家多使用矢量图。制作一个 Flash MV，我们可能还需要借助其他软件的辅助，具体我们在案例中会接触到并共同学习。

　　在本案例中主要对歌曲部分进行重点讲解，主要讲解对歌词的处理方法，分为导入之前的处理和导入之后的处理两个部分。有些歌曲（如网上下载的 MP3 音乐）不能导入到 Flash 软件中，要对其进行必要的处理，导入之后有时候要对歌词进行截取，只需要歌曲的某一片段，本节会对歌曲的截取问题给出解决办法，供学生参考。本案例通过对电影《加勒比海盗》的背景音乐进行截取，并配上几张电影中的图片，制作一个带背景音乐的简单图片展示 Flash MV 短片，通过短片来了解对导入 Flash 中的音频的处理方法。最终案例效果如图 5-1 所示。

图 5-1　"歌曲片段" 效果

5.1.2　案例目的

在本案例中，主要解决以下问题：

1. 对不能成功导入到软件中的歌曲做导入前处理。
2. 音乐同步选项设置。
3. 将歌曲导入到舞台。
4. 编辑自定义音乐效果（对导入的歌曲进行截取操作）。
5. 制作简单图片切换的动画。

5.1.3　案例操作步骤

1. **准备歌曲、歌词**

（1）下载《加勒比海盗》背景音乐 "barbossa is hungry.mp3"（"学习情境 5 | 素材 | 歌曲片段 MV 制作" 文件夹下有该素材）。

（2）有些歌曲不能成功导入到软件中，导入时会提示不能导入音频。解决办法有很多种，这里主要介绍使用我们常用的音频播放器 "千千静听" 来解决。使用千千静听打开歌曲，在歌曲列表中右击歌曲名称，选择 "转换格式"，在弹出的对话框中单击 "配置" 按钮，选择 "恒定编码（CBR）"，数值设为 "128kbps"。然后进行转换即可（数值设置要在 96～128 之间），如图 5-2 所示。

图 5-2　歌曲导入错误提示

（3）将歌曲的歌词使用文字编辑软件编辑，如 Word 文档编辑存档，为制作 MV 做准备（本案例不需要此步骤，歌曲是无歌词的背景音乐）。

（4）将格式转换后的歌曲和存档的歌词放置在同一个文件夹中，方便以后使用（制作一个完整的 MV 会用到很多素材，养成良好的归类整理习惯，方便日后创作）。

2．准备图片素材

（1）收集图片素材，本案例主要通过影片《加勒比海盗》的背景音乐，配上《加勒比海盗》的影片图片，制作一个简单的 Flash MV 短片。

（2）收集合适的图片素材，能够恰当地将图片和歌曲结合起来，来表达制作者的意图。

（3）将收集到的素材整理，归类保存到文件夹中。

（4）有些素材是需要绘制的，事先也要绘制好，然后整理归类，以备日后使用（在 Flash 中最好多使用矢量图，少使用位图，以减小制作的 Flash 文件的体积）。

3．准备制作

（1）新建 Flash ActionScript 2.0 文档，舞台大小 550*400，帧频 24fps，舞台背景为白色，并将其保存名为"歌曲片段 MV 制作.fla"（特别注意：边制作边保存，别让辛苦付诸东流）。

（2）选择"文件｜导入｜打开外部库"命令，路径为"学习情境 5｜素材｜歌曲片段 MV 制作｜歌曲片段.fla"。

（3）将图层 1 重命名为"歌曲"，并将库中的歌曲"barbossa is hungry.mp3"拖曳到舞台，在"歌曲"图层不断做插入帧操作，直到歌曲结束，如图 5-3 所示。

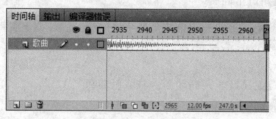

图 5-3　插入音频

（4）设置音乐同步选项。单击"歌曲"图层中有音频的任意一帧，看属性面板，同步选择"数据流"，"重复"×1，如图 5-4 所示。

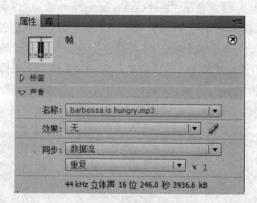

图 5-4　音频属性

（5）将播放头定位到第 1 帧，按"Enter"键，仔细听播放的歌曲，到你想截取的结束位置再按"Enter"键，记录要截取歌曲片段的开始和结束的帧位置（要反复听歌，能更准确地记录帧位置）。

（6）截取歌曲片段。单击"歌曲"图层中有音频的任意一帧，看属性面板，效果选择"自定义"，弹出"编辑封套"对话框，在对话框的右下角单击"帧"按钮，然后根据上一步确定的截取歌曲的起始帧和结束帧的位置，拖动滑块到截取位置，确定后完成截取（截取范围学员自己决定，截取适合自己作品的长度即可），如图 5-5 所示。

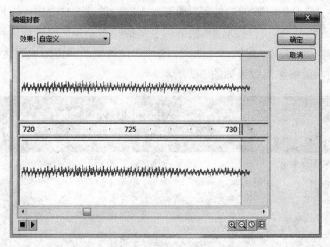

图 5-5　音频的截取操作

（7）回到"歌曲"图层会发现音频的变化，将多余的空白帧删除掉。截取歌曲片段操作完成，可以通过不断听歌曲来调整截取的范围，达到预期的效果。

（8）新建图层"胶片"，将制作好的图形元件"胶片"拖动到舞台，按"Ctrl+K"组合键，调出"对齐"面板，选中"对齐/相对舞台分布"选项☑与舞台对齐，然后单击"水平中齐" 및 和"垂直中齐" 뭅 按钮，并延长帧到歌曲结束同位置。

（9）新建图层"图片"，在第 1 帧导入图片"1.jpg"，并单击"对齐"面板上匹配宽和高（要勾选"与舞台对齐"复选项），49 帧转换为空白关键帧，拖动制作好的图形元件"元件 1"到舞台，按"Ctrl+K"组合键，调出"对齐"面板，选中"对齐/相对舞台分布"选项☑与舞台对齐，然后单击"垂直中齐" 뭅 和"左对齐" 붐 按钮，在歌曲结束帧位置单击鼠标右键，在弹出的菜单中选择"创建补间动画"，并在该帧处选中元件，按"Ctrl+K"组合键，调出"对齐"面板，选中"对齐/相对舞台分布"选项☑与舞台对齐，然后单击"右对齐" 붐 按钮，如图 5-6 所示。

图 5-6　补间动画

（10）在"胶片"图层的最后 1 帧单击鼠标右键，在弹出的菜单中选择"插入关键帧"，再单击鼠标右键，在弹出的菜单中选择"动作"，在弹出的"动作"面板中输入代码"stop();"。

（11）按"Ctrl+Enter"组合键即可查看效果。

5.2 导入案例二　英文歌曲 MV 制作

5.2.1 案例效果

　　本案例主要介绍标签的制作、歌词以及字幕的制作方法。导入案例一中已经介绍了对歌曲的处理方法，在本案例中主要介绍对歌词的处理。通过对本案例的学习，学生可以了解歌词字幕的制作方法，希望学生能够举一反三，自行创作其他歌词字幕的特效动画。通过使用补间动画让画面动起来，注重音乐和素材融合，形成一定的画风曲风，图片和动画要能够正确地表达歌曲的意思和意境，达到和谐统一的目的，最终案例效果如图 5-7 所示。

图 5-7　英文歌曲 MV 效果

5.2.2 案例目的

　　在本案例中，主要解决以下问题：

1．帧标签的制作。

2．歌词的制作。

3．字幕的制作。

4．使用补间动画。

5.2.3 案例操作步骤

　　1．准备工作

　　（1）新建 Flash 文档，舞台大小 640*460，帧频 12fps，舞台背景白色，保存名为"英文歌曲MV 制作.fla"。

　　（2）将"学习情境 5｜素材｜英文歌曲 MV 制作"文件夹下的所有图片文件和音乐文件导入到库。

2. 制作帧标签

（1）将图层 1 重命名为"歌曲"，并将歌曲导入到舞台，延长帧到歌曲结束。

（2）新建图层"标签"，标签可以让我们非常清楚歌曲的进度，即每一句歌词的开始帧位置和结束帧位置。我们将每一句的歌曲开始处"打上"标签，对后面的创作起到提示作用。当然标签还有其他的用途，在这里，标签只是起到标识的作用。

（3）播放头定位到第 1 帧，按"Enter"键，仔细听歌，在第一句歌词的开始前按"Enter"键停止，并在该帧处（175 帧）单击鼠标右键，在弹出的菜单中选择"插入空白关键帧"，选中这一帧，在"属性"面板中标签的"名称"处输入"1try to remember the kind of September"，即第一句歌词内容，并在前面加上 1，这样我们就会很清楚是第几句歌词以及歌词的内容；"类型"选择"名称"，这时关键帧位置会有一个小红旗，然后是我们输入的帧名称；如果"类型"选择"注释"，帧名称前会有两个绿色的斜杠，相应的关键帧同样也是两个绿色的斜杠和帧名称；"类型"选择"锚记"，关键帧上会有船锚的标志。关于帧标签我们在这里不再细讲，这里帧标签只是起到标识的作用，我们默认类型为"名称"即可，如图 5-8 和图 5-9 所示。

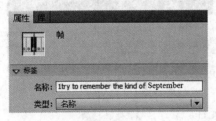

图 5-8　帧标签

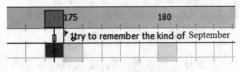

图 5-9　关键帧标签

（4）重复上述步骤，在每句歌词的开始帧处都添加帧标签。所有歌词及开始处的关键帧号：

1try to remember the kind of September——175 帧

2when life was slow and oh so mellow——255 帧

3try to remember the kind of September——350 帧

4when grass was green and grain was yellow——430 帧

5try to remember the kind of September——525 帧

6when you were a tender and a callow fellow——610 帧

7try to remember and if you remember——700 帧

8then follow-follow ,oh-oh——785 帧

9try to remember when life was so tender——875 帧

10that no one wept except the willow——955 帧

11try to remember the kind of September——1050 帧

12when love was an ember about to billow——1130 帧

13try to remember and if you remember——1220 帧

14then follow-follow,oh -oh——1300 帧

15deep in December it's nice to remember——1415 帧

16although you know the snow will follow——1500 帧

17deep in December it's nice to remember——1585 帧

18the fire of September that made us mellow——1665 帧

19deep in December our hearts should remember——1755 帧

20and follow - follow, oh-oh——1835 帧

3．制作歌词文本

（1）新建图形元件"歌词1"，选择"文本工具"，"属性"设置为"传统文本"，"文本类型"设置为"静态文本"，"字体"设置为"Blackadder ITC"（此字体可以从网络上下载，在"学习情境5｜素材｜英文歌曲 MV 制作"文件夹下有该字体），"大小"设置为"40 点"，"颜色"设置为"白色"，如图 5-10 所示。

（2）输入或者复制第一句歌词，完成第一句歌词元件的制作，效果如图 5-11 所示（这里为了突出歌词元件效果，临时将舞台背景设置为黑色）。

图 5-10　歌词文本属性

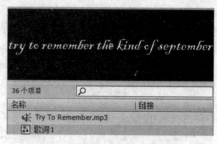

图 5-11　元件"歌词1"

（3）重复上述步骤，将 20 句歌词都制作成图形元件。

4．制作字幕

（1）新建图层"字幕"，新建图形元件"字幕"，制作字幕背景，使用"矩形工具"，绘制宽640 像素、高 100 像素、"笔触颜色"为"无"、"填充颜色"为"黑色"的矩形，并将其两次拖曳到"字幕"图层，分别放置在舞台的上边和下边（使用"对齐"面板对齐）。

（2）新建图层"歌词"，在"歌词"图层上与"标签"图层的对应关键帧处插入空白关键帧。

（3）选择"歌词"图层第 175 帧，即第一句歌词开始处的空白关键帧，将图形元件"歌词1"拖入舞台，放置在舞台的下方、字幕图层的黑色矩形上，选中该元件，按"Ctrl+K"组合键，调出"对齐"面板，选中"对齐/相对舞台分布"选项 ☑ 与舞台对齐，然后单击"水平中齐"按钮 ，效果如图 5-12 所示。

图 5-12　字幕效果

（4）在第 175 帧和第 255 帧之间任意帧位置（即第一句歌词和第二句歌词之间），单击鼠标右键，在弹出的菜单中选择"创建补间动画"，在第 175 帧处选择舞台上的元件"歌词 1"，设置"属性"中"色彩效果"下的"Alpha"值为 0，在第 315 帧处选择该元件，设置"属性"中"色彩效果"下的"Alpha"值为 100，完成歌词元件从无到有的出现效果，如图 5-13 所示。

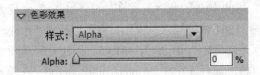

图 5-13　第 175 帧处元件"歌词 1"的"Alpha"属性

（5）依此类推，按照步骤（3）、步骤（4）完成每一句歌词的出现效果。

（6）在最后一帧（2058 帧）处，单击鼠标右键，在弹出的菜单中选择"插入关键帧"，再单击鼠标右键，在弹出的菜单中选择"动作"，在弹出的窗口中输入代码"stop();"。

5．制作动画

（1）新建 6 个图层："镜头 1"～"镜头 6"。

（2）新建 6 个图形元件："元件 1"～"元件 6"。分别将导入到库中的 6 个图片素材放到对应的图形元件中，如"1.jpg"放在"元件 1"中。

（3）在图层"镜头 1"第 1 帧，将图形元件"元件 1"拖入到舞台，在第 229 帧处结束；第 1帧"元件 1"X 为-108.65，Y 为 49.90；第 2 帧插入关键帧，并创建补间动画；在第 40 帧处，将"元件 1"做下移操作，X 不变，Y 为 98.90；在第 100 帧处，做左移操作，X 为-261.65，Y 不变；在第 190 帧处，将"元件 1"的"Alpha"值设为 100；在第 229 帧处，将"元件 1"的"Alpha"值设为 0。

（4）在图层"镜头 2"第 190 帧处插入关键帧，将图形元件 "元件 2"拖入到舞台，在第 520帧处结束；第 190 帧"元件 2"X 为-0.65，Y 为-302，创建补间动画，将"元件 2"的"Alpha"值设为 0；在第 229 帧处，将"元件 2"的"Alpha"值设为 100；在第 277 帧处，插入关键帧丨位置；在第 324 帧处，将"元件 2"做位移操作，X 为-227.65，Y 为-131；在第 330 帧处插入关键帧丨位置；在第 420 帧处，将"元件 2"做下移操作，X 不变，Y 为 95；在第 440 帧处插入关键帧丨位置；在第 480 帧处，将"元件 2"做右移操作，X 为 0，Y 不变，将"元件 2"的"Alpha"值设为 100；在第 520 帧处，将"元件 2"的"Alpha"值设为 0。

（5）在图层"镜头 3"第 480 帧处插入关键帧，将图形元件"元件 3"拖入到舞台，在第 875帧处结束；第 480 帧"元件 3"X 为-262.7，Y 为-382，创建补间动画，将"元件 3"的"Alpha"值设为 0；在第 520 帧处，将"元件 3"的"Alpha"值设为 100；在第 530 帧处，插入关键帧丨位置；在第 630 帧处，将"元件 3"做下移操作，X 不变，Y 为 50；在第 651 帧处，插入关键帧丨位置；在第 729 帧处，将"元件 3"做右移操作，X 为-170，Y 不变；在第 750 帧处，插入关键帧丨位置；在第 820 帧处，将"元件 3"做放大操作，使用"变形"面板放大 130%，并做位移操作，X 为-2.60，Y 为 17.8；在第 835 帧处，将"元件 3"的"Alpha"值设为 100；在第 480 帧处，将"元件 3"的"Alpha"值设为 0。

（6）在图层"镜头 4"第 835 帧处插入关键帧，将图形元件 "元件 4"拖入舞台，在第 1300帧处结束；第 835 帧"元件 4"X 为-384，Y 为-377，创建补间动画，将"元件 4"的"Alpha"值

设为 0；在第 875 帧处，将"元件 4"的"Alpha"值设为 100；在第 886 帧处，插入关键帧 | 位置；在第 950 帧处，将"元件 4"做右移操作，X 为 0，Y 不变；在第 970 帧处，插入关键帧 | 位置；在第 1116 帧处，将"元件 4"做下移操作，X 不变，Y 为 99；在第 1135 帧处，插入关键帧 | 位置；在第 1238 帧处，将"元件 4"做左移操作，X 为-300，Y 不变；在第 1261 帧处，将"元件 4"的"Alpha"值设为 100；在第 1300 帧处，将"元件 4"的"Alpha"值设为 0。

（7）在图层"镜头 5"第 1261 帧处插入关键帧，将图形元件"元件 5"拖入到舞台，在第 1789 帧处结束；在第 1261 帧"元件 5"X 为 0，Y 为-401.95，创建补间动画，将"元件 5"的"Alpha"值设为 0；在第 1300 帧处，将"元件 5"的"Alpha"值设为 100；在第 1310 帧处，插入关键帧 | 位置；在第 1410 帧处，将"元件 5"做左移操作，X 为-374，Y 不变；在第 1510 帧处，将"元件 5"做下移操作，X 不变，Y 为 70；在第 1541 帧处，插入关键帧 | 位置；在第 1620 帧处，将"元件 5"做右移操作，X 为-180，Y 不变；在第 1639 帧处，将"元件 5"做下移操作，X 不变，Y 为 100；在第 1650 帧处，插入关键帧 | 位置；在第 1729 帧处，将"元件 5"做左移操作，X 为-373，Y 不变；在第 1751 帧处，将"元件 5"的"Alpha"值设为 100；在第 1789 帧处，将"元件 5"的"Alpha"值设为 0。

（8）在图层"镜头 6"第 1751 帧处插入关键帧，将图形元件"元件 6"拖入到舞台，在第 2058 帧处结束；在第 1751 帧，"元件 6"X 为-270.65，Y 为-242.9，创建补间动画，将"元件 6"的"Alpha"值设为 0；在第 1789 帧处，将"元件 6"的"Alpha"值设为 100；在第 1805 帧处，插入关键帧 | 位置；在第 1910 帧处，将"元件 6"做下移操作，X 不变，Y 为 60；在第 1930 帧处，插入关键帧 | 位置；在第 2015 帧处，将"元件 6"做右移操作，X 为-40，Y 不变；在第 2057 帧处，将"元件 6"做左移操作，X 为-250，Y 不变。

（9）新建图层"片头"，新建图形元件"歌曲名"，在图形元件"歌曲名"的第一帧处使用文本工具，输入"try to Remember"，"属性"设置为"传统文本"，"文本类型"设置为"静态文本"，"字体"设置为"Blackadder ITC"（此字体可以从网络上下载，在"学习情境 5 | 素材 | 英文歌曲 MV 制作"文件夹下有该字体），"大小"设置为"40 点"，"颜色"设置为"黑色"。返回主场景，在图层"片头"的第一帧处将图形元件"歌曲名"拖入到舞台，设置"属性"面板中的"位置和大小"的 X 为 188.25，Y 为 230。在第 2 帧处单击鼠标右键，在弹出的菜单中选择"插入空白关键帧"，在该帧处，将图形元件"歌曲名"再次拖入到舞台，设置"属性"面板中的"位置和大小"的 X 为 188.25，Y 为 230。并将帧延长到 36 帧结束。在第 2 帧和 36 帧之间单击鼠标右键，在弹出的菜单中选择"创建补间动画"，将播放头定位到第 2 帧，选择图形元件"歌曲名"，设置"属性"面板中"色彩效果"下的"Alpha"值 100；将播放头定位到第 36 帧，选择图形元件"歌曲名"，设置"属性"面板中"色彩效果"下的"Alpha"值 0。

（10）新建图层"等待开始"，在第一帧处单击鼠标右键，在弹出的菜单中选择"动作"，在弹出的"动作"面板中输入代码："stop();"。

（11）新建图层"按钮"，在第一帧处，单击菜单"窗口"，在弹出的下拉菜单中选择"公用库"，在弹出的级联菜单中选择"按钮"，在弹出的"库"面板中选择"classic buttons"、"circle buttons"、"play"按钮，拖入到舞台，单击该按钮，设置"属性"面板的"位置和大小"的 X 为 364.6，Y 为 333.4。在该按钮上单击鼠标右键，在弹出的菜单中选择"动作"，在弹出的窗口中输入以下代码：

```
on(release){
```

```
play();
}
```

（12）新建图层"replay"，在第 2030 帧处单击鼠标右键，在弹出的菜单中选择"插入空白关键帧"，在该帧处单击菜单"窗口"命令，在弹出的下拉菜单中选择"公用库"，在弹出的级联菜单中选择"按钮"，在弹出的"库"面板中选择"classic buttons"、"circle buttons"、"play"按钮，拖入到舞台，双击该按钮，将"play"修改为"replay"，单击该按钮，设置"属性"面板的"位置和大小"的 X 为 559.6，Y 为 340.4。在该按钮上单击鼠标右键，在弹出的菜单中选择"动作"，在弹出的窗口中输入以下代码：

```
on(release){
gotoandplay(2);
}
```

使该图层在 2058 帧处结束，并在第 2030 帧和 2058 帧之间的任意一帧处单击鼠标右键，在弹出的菜单中选择"创建补间动画"，在第 2030 帧处，单击该按钮，设置"属性"面板中"色彩效果"下的"Alpha"值为 0；在第 2050 帧处单击该按钮，设置"属性"面板中"色彩效果"下的"Alpha"值为 100。

运行 Flash 文件的电脑里如果没有安装你文件中使用到的字体，则会显示失败，系统会自动选择默认的替代字体，所以，要注意字体是否存在运行 Flash 文件的电脑中。建议大家将字体打散，这样在没有字体支持的电脑上，也能够呈现字体的效果。

5.3　导入案例三　儿童歌曲 MV 制作

5.3.1　案例效果

本案例主要介绍制作一首完整的 MV 所要经过的步骤。前两节中我们已经介绍对歌曲的处理和字幕的处理，在本案例中，我们通过制作一个完整的 MV 来了解 MV 的制作全过程。首先确定歌曲素材，然后构思剧本，将剧本分镜头处理，并将每个镜头细化，细化到每个镜头有哪些元素，这些元素哪些是形状、哪些是图形、哪些是元件。将静态的创建成图形元件，按钮创建成按钮元件，动态的创建成影片剪辑元件。最好是先写一个故事的剧本，即音乐剧本，就像拍电影要有剧本一样，然后确定作品有哪几个镜头，每一个镜头有哪些演员和哪些场景，最后绘图。绘图即绘制出各种人物、场景和道具；用绘制出的图形来制作各种人物表演的片断；将人物片断合成，合成出各个场景的动画片断；将整个场景串起来，并加入音乐和歌词，进一步调整细节，完成整个 MV。本案例通过制作一首儿童歌曲来小试牛刀，初步了解制作一个 Flash MV 的整个过程，最终案例效果如图 5-14 所示。

5.3.2　案例目的

在本案例中，主要解决以下问题：

1. 构思剧本。

2. 分镜头处理。

3. 绘制图形。

4. 场景的串联。

5. 实现综合效果。

图 5-14 儿童歌曲 MV 效果

5.3.3 案例操作步骤

1. 准备工作

（1）新建脚本为 Action Script 3.0 的 Flash 文件，舞台大小 550*400 像素，帧频 24fps，舞台背景为白色，保存名为"儿童歌曲 MV 制作.fla"。

（2）选择"文件 | 导入 | 打开外部库"命令，选择"学习情境 5 | 素材 | 童歌曲 MV 制作 | 儿童歌曲 MV 制作.fla"，单击"打开"按钮。

（3）将图层 1 重命名为"歌曲"，并添加歌曲"洋娃娃和小熊跳舞.mp3"，在后面不断按"F5"键插入帧，最后在 1274 帧处插入帧（整个音频结束处）。

（4）新建"标签"图层，按照上一节介绍的方法，在每一句歌词开始处创建关键帧，制作标签，起到标识作用。

（5）同样，按照 5.2 节中的方法制作歌词元件，"属性"设置为"传统文本"，"文本类型"设置为"静态文本"，"字体"设置为"迷你简丫丫"（此字体可以从网络上下载，在"学习情境 5 | 素材 | 儿童歌曲 MV 制作"文件夹下有该字体），"大小"设置为"30 点"，"颜色"设置为"红色"，如图 5-15 所示。

（6）新建"歌词"图层，根据帧标签，在 210 帧处按"F7"键插入空白关键帧，将图形元件"歌词 1"拖曳到舞台，并设置其 X 值为 275，Y 值为 360.10（也可使用"对齐"面板中的"相对于舞台的水平中齐"，Y 值根据需要调整）。

（7）重复步骤（5），分别将所有"歌词"元件都拖曳到"歌词"图层中对应的帧位置，并调整元件的位置。

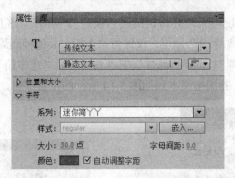

图 5-15　文本工具属性

2. 使用遮罩制作歌词字幕

（1）新建"歌词遮罩"图层，位置要在"歌词"图层的上一层，在该图层名称上单击鼠标右键，在弹出的菜单中选择"遮罩层"，则"歌词"图层会自动成为被遮罩层。根据"标签"图层的标识，在每一句歌词开始帧处单击鼠标右键，在弹出的菜单中选择"插入空白关键帧"，分别在每一句歌词开始帧位置在舞台上使用矩形工具画一个小矩形，并且要放置在对应"歌词"元件前面位置，宽 16.2，高 36.25，颜色不限，高度以刚刚能遮住歌词为宜，如图 5-16 所示。

洋娃娃和小熊跳舞跳呀跳呀一二一

图 5-16　遮罩层"歌词遮罩"与被遮罩层"歌词"位置

（2）在每一句歌词结束帧前 10 帧处插入关键帧，将舞台上的矩形加宽到 470，高不变，让矩形完全遮住歌词元件，在两个矩形中间的任意帧处单击鼠标右键，在弹出的菜单中选择"创建补间形状"，完成歌词逐渐出现的字幕效果，如图 5-17 所示。

图 5-17　歌词遮罩形状补间

（3）新建"歌词装饰"图层，在该图层上，根据"标签"图层的标识，在每一句歌词开始帧处单击鼠标右键，在弹出的菜单中选择"插入关键帧"，将库中"歌词"文件夹下的影片剪辑元件"歌词装饰"拖入到舞台，放置在"歌词"元件之前，并将帧在与之对应的"歌词遮罩"图层中动画结束的后 1 帧结束，如第一句歌词的"歌词遮罩"动画从第 210 帧到第 309 帧结束，则"歌词装饰"从第 210 帧到 310 帧结束。

3. 制作片头

（1）我们要制作出图 5-14 所示片头，分为 6 部分：蓝色渐变背景、歌曲名、星空、小房子、光源和"play"按钮。

（2）蓝色渐变背景：新建"片头蓝色背景"图层，在第 165 帧结束，在第 1 帧画一个和舞台同大小矩形，"颜色"面板选择"线性渐变"，选中色带上左侧的"颜色指针"，将其设置为蓝色（#090EB8），选中色带上右侧的"颜色指针"，将其设为深蓝（#000066），然后选择"颜料桶工具"

在舞台上由下向上拖动来实现填充，并将该图层"锁定"，如图 5-18 所示。

（3）歌曲名：新建"片头字幕"图层，仅保留第 1 帧，其他帧删除。在第 1 帧使用"文本工具"输入文本"洋娃娃和小熊跳舞"，设置"属性"中"系列"为"迷你简丫丫"，"大小"为"40"，"颜色"为"红色（#FF0000）"，并调整文本到如图 5-14 所示的位置即可，文本属性如图 5-19 所示。

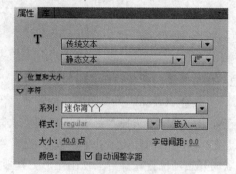

图 5-18　线性渐变　　　　　　　　　　　图 5-19　片头字幕文本属性

（4）星空：新建"片头动画-星空"图层，在 165 帧结束，在第 1 帧，将制作好的影片剪辑元件"星空"拖入到舞台，放置在舞台的合适位置，这里 X 值为 8.95，Y 值为 7.75。

（5）小房子：新建"片头动画-小房子"图层，在 165 帧处结束，将制作好的元件图形"小房子"拖入到舞台，调整大小，并放置到舞台右下角合适位置（精确的数值以后不再给出，因为数值并不是固定的，只要学生根据自己的需要调整，兼顾美观即可）。

（6）光源：小房子窗户发出的闪烁光源。新建"片头动画-光源"图层，在 165 帧结束，将制作好的影片剪辑元件"光源"拖入舞台，并放置在小房子窗户上，尺寸比窗户稍大即可（注意：小房子的窗户填充必须是透明的"无"填充，"光源"图层要放在"小房子"图层下）。

（7）同时选择图层"星空"、"小房子"、"光源"图层的第 1 帧，单击鼠标右键，在弹出的菜单中选择"创建补间动画"。

（8）选择"星空"图层，使用"任意变形工具"将变形点托动到左上角，在 100 帧，将星空适当缩小，大概是原来的 65%，如图 5-20 和图 5-21 所示。

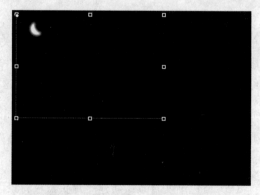

图 5-20　第 1 帧"星空"位置　　　　　　　图 5-21　第 100 帧"星空"位置

（9）同时选择"小房子"图层和"光源"图层的第 100 帧，使用"任意变形工具"将变形点拖动到小房子图形的右下角位置，将其同时放大，大概是原来的 150 倍，如图 5-22 和图 5-23 所示。

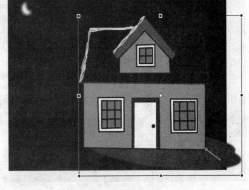

图 5-22　第 1 帧"小房子"和"光源"位置　　图 5-23　第 100 帧"小房子"和"光源"位置

（10）"play"按钮：新建"片头-按钮"图层，第 1 帧处选择"窗口｜公用库｜按钮｜classic buttons｜circle buttons｜play 按钮"，将该按钮放置在舞台合适位置，如图 5-14 所示。在第 1 帧处单击鼠标右键，在弹出的菜单中选择"动作"，在弹出的"动作"面板中输入以下代码：

```
addEventListener(MouseEvent.CLICK,mouseHandler);
function mouseHandler(e:MouseEvent){
play();
}
```

（11）片头的延续：同时选择"小房子"图层和"光源"图层的 149 帧，单击舞台上已被选中的元件，将其同时放大 600 倍，并调整位置，将阁楼的窗户大概置于舞台中央。

（12）同时选择"小房子"图层和"光源"图层的 165 帧，单击舞台上已被选中的元件，设置"属性"中"色彩效果"下的"Alpha"值设为 0；然后同时选择"小房子"图层和"光源"图层的 149 帧，设置"属性"中"色彩效果"下的"Alpha"值设为 100。

（13）片头中各个图层帧位置如图 5-24 所示。

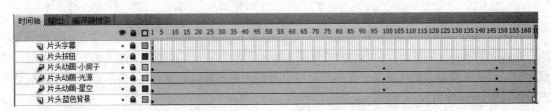

图 5-24　片头各图层帧位置

4.　制作镜头 1

（1）镜头 1 的基本元素分为 3 部分：阁楼背景、星空、玩具组，如图 5-25 所示。

（2）新建 3 个图层："镜头 1-阁楼"、"镜头 1-星空"、"镜头 1-玩具组"，同时选择这三个图层的第 150 帧，插入关键帧，并在 319 帧处结束帧。

（3）在"镜头 1-阁楼"第 150 帧，将制作好的图形元件"阁楼"拖入到舞台，选中该元件，按"Ctrl+K"组合键，调出"对齐"面板，选中"对齐/相对舞台分布"选项☑ 与舞台对齐，然后单击"水平中齐" 🔁 和"垂直中齐" 🔟 按钮。

（4）"镜头 1-星空"第 150 帧，将制作好的影片剪辑元件"闪烁的月亮"、"星星 1"和"星星

2"拖入舞台，并放置在阁楼窗户位置，"星星"元件随机点缀，如图 5-26 所示。

图 5-25   镜头 1 效果

（5）"镜头 1-玩具组"第 150 帧，将制作好的影片剪辑元件"玩具组 1"拖入到舞台，放置在合适的位置，如图 5-27 所示。

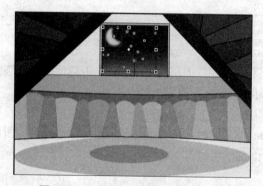

图 5-26   "镜头 1-星空"中元件位置

图 5-27   "镜头 1-玩具组"中元件位置

（6）新建 2 个图层："镜头 1-小熊动画"和"镜头 1-洋娃娃动画"，同时选中 2 个图层的第 189 帧，插入关键帧，分别将影片剪辑元件"镜头 1 小熊"和"镜头 1 洋娃娃"拖入到对应的图层，调整大小，放置在舞台合适位置（尽量和舞台中已有的小熊和洋娃娃重叠），都在 209 帧处插入空白关键帧，如图 5-28 所示。

（7）在"镜头 1-玩具组"图层的第 189 帧转换为空白关键帧，将"玩具组 2"拖入到舞台合适位置，如图 5-29 所示（这里隐藏了"镜头 1 小熊"和"镜头 1 洋娃娃"元件，为了突出"玩具组 2"元件的位置）。将图层"镜头 1-阁楼"和"镜头 1-星空"的第 189 帧转换为关键帧。

（8）同时选中"镜头 1-小熊动画"和"镜头 1-洋娃娃动画"2 个图层的第 189 帧，创建补间动画，同时选中 196 帧，将 2 个图层中的 2 个元件同时向右上方移动，如图 5-30 所示（注意：为了突出元件位置变化，图中隐藏了"玩具组 2"）。

（9）同时选中"镜头 1-小熊动画"和"镜头 1-洋娃娃动画"2 个图层的第 208 帧，将 2 个图层中的 2 个元件同时向下方移动，并放大 150 倍，如图 5-31 所示。

（10）同时选中"镜头 1-阁楼"、"镜头 1-星空"和"镜头 1-玩具组"3 个图层的第 189 帧，单击鼠标右键，在弹出的菜单中选择"创建补间动画"，同时选中 3 个图层的第 208 帧，将 3 个图层的 3 个元件同时放大 150%，并移动到合适的位置（要注意舞台的边界，不要放到舞台之外），如图 5-31 所示。

图 5-28　"镜头 1 小熊"和"镜头 1 洋娃娃"元件位置

图 5-29　"玩具组 2"元件位置

图 5-30　196 帧元件位置

图 5-31　208 帧元件位置

（11）同时选中"镜头 1-小熊动画"图层和"镜头 1-洋娃娃动画"图层的 209 帧，分别将元件"小熊动画 1"和"洋娃娃动画 1"拖入到对应的图层，放置在舞台合适位置，2 个图层都在 319 帧结束，镜头 1 各个图层帧位置如图 5-32 所示。

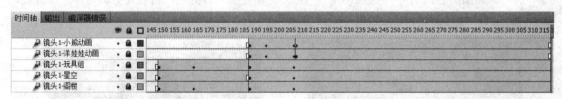

图 5-32　镜头 1 各图层帧位置

5．制作镜头 2

（1）镜头 2 基本元素分为 3 个部分：背景、小熊和洋娃娃，如图 5-33 所示。

（2）新建 3 个图层："镜头 2-背景"、"镜头 2-小熊动画"和"镜头 2-洋娃娃动画"，都在 320 帧插入关键帧，424 帧处结束。

（3）在"镜头 2-背景"图层，使用"矩形工具"绘制背景图形，如图 5-33 所示。

（4）在"镜头 2-小熊动画"图层，将影片剪辑元件"小熊动画 2"拖入舞台，如图 5-33 所示。

（5）在"镜头 2-洋娃娃动画"图层，将影片剪辑元件"洋娃娃动画 2"拖入舞台，如图 5-33 所示。

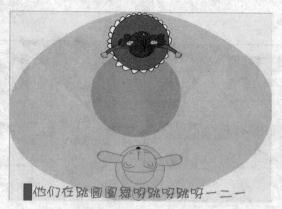

图 5-33　镜头 2 效果

（6）镜头 2 各个图层帧位置如图 5-34 所示。

图 5-34　镜头 2 各图层帧位置

6. 制作镜头 3

（1）新建图层"镜头 3-小熊动画"，在 425 帧处插入关键帧，将影片剪辑元件"小熊动画 3"拖入到舞台，在 529 帧处结束。

（2）新建图层"镜头 3&4 背景"，在 425 帧处插入关键帧，将图形元件"阁楼"拖入到舞台，并放大到合适位置，在 639 帧处结束，如图 5-35 所示。

7. 制作镜头 4

（1）新建图层"镜头 4-洋娃娃动画"，在 530 帧处插入关键帧，将影片剪辑元件"洋娃娃动画 3"拖入到舞台，在 639 帧处结束，如图 5-36 所示。

图 5-35　镜头 3 效果

图 5-36　镜头 4 效果

（2）镜头 3 的背景和镜头 4 的背景共用同一图层，其各个图层帧位置如图 5-37 所示。

图 5-37　镜头 3 和镜头 4 各图层帧位置

8. 制作镜头 5

（1）镜头 5 有 3 个基本元素：背景、小熊和洋娃娃，如图 5-38 所示。

图 5-38　镜头 5 效果图

（2）新建 3 个图层："镜头 5-背景"、"镜头 5-小熊动画"和"镜头 5-洋娃娃动画"，都在 640 帧处插入关键帧，都在 739 帧处结束。

（3）分别将图形元件"阁楼"、影片剪辑元件"小熊动画 1"和"洋娃娃动画 1"在 640 帧处拖入到对应图层，并调整到合适位置。镜头 5 各个图层帧位置如图 5-39 所示。

图 5-39　镜头 5 各图层帧位置

9. 制作镜头 6

（1）镜头 6 基本元素分为 4 个部分：阁楼、星空、小熊和洋娃娃，如图 5-40 所示。

（2）新建 5 个图层："镜头 6-阁楼"、"镜头 6-星空"、"镜头 6-玩具组"、"镜头 6-小熊动画"和"镜头 6-洋娃娃动画"，都在 740 帧插入关键帧，分别将图形元件"阁楼"、影片剪辑元件"星空"、"小熊动画 4"和"洋娃娃动画 4"拖入到对应图层，调整到合适位置，如图 5-40 所示。

（3）将图层"镜头 6-阁楼"和"镜头 6-星空"延长到 1274 帧处结束。

（4）在图层"镜头 6-玩具组"的第 740 帧处，将图形元件"花"、"风车"、"孔雀"和"木马"拖入到舞台，并调整大小和位置，在 849 帧处结束。

（5）在图层"镜头 6-小熊动画"和"镜头 6-洋娃娃动画"的第 850 帧处插入空白关键帧，分别将影片剪辑元件"小熊动画 5"和"洋娃娃动画 5"拖入到对应图层，并调整到合适位置，延长到 1274 帧处结束，如图 5-41 所示。

10. 制作镜头 7

新建图层"镜头 7"，在第 640 帧、740 帧和 850 帧处分别插入关键帧，在第 640 帧处将影片剪辑元件"玩具组 2"拖入到舞台，调整大小放到合适位置，然后在第 850 帧处将影片剪辑元件"玩具组 2"再次拖入到舞台，调整大小放到合适的位置，最后在第 1274 帧处结束。

图 5-40　镜头 6 效果图

图 5-41　镜头 6 的 850 帧处效果图

5.4　项目一　我是一只小小鸟

5.4.1　项目效果

本案例主要介绍 Flash MV 的另外一种制作方式，一句歌词对应一个镜头，即以歌词为主体，镜头的切换以歌词进度为准，这种制作方式可以给初学者作为参考。在本案例中，我们主要以收集到的图片作为素材进行创作，对那些没有绘画基础的学员也可以创作 Flash MV。在本项目中，主要介绍将音频导入到库、导入到帧，以及如何创建标签图层来确定每一句歌词的起始位置，作辅助标识作用。添加按钮来控制 MV 作品的播放和重新播放。同时用多种补间动画使得 MV 整体效果生动活泼，并要注重作品的整体风格的体现。部分案例效果如图 5-42 所示。

图 5-42　"我是一只小小鸟"MV 效果

5.4.2　案例目的

在本案例中，主要解决以下问题：

1. 音频的导入。

2.　标签的创建。

3.　按钮的创建。

4.　元件的制作。

5.　补间动画的综合运用。

5.4.3　案例操作步骤

1.　新建 Flash 文件

（1）新建一个名为"我是一只小小鸟.fla"的 ActionScript 2.0 的 Flash 源文件。

（2）舞台大小为 550*400 像素，帧频为 24fps，舞台背景为白色。

（3）选择"文件｜导入｜打开外部库"命令，选择"学习情境 5｜素材｜我是一只小小鸟｜我是一只小小鸟.fla"，单击"打开"按钮。

2.　导入歌曲

将图层 1 重命名为"歌曲"，将歌曲"我是一只小小鸟"导入到"歌曲"图层，并在 3924 帧处插入帧（歌曲时间乘以帧频率，或者一直向后插入帧，直到歌曲结束），帧属性中设置"同步"为"数据流"，"重复"×1，歌曲属性如图 5-43 所示。

图 5-43　歌曲属性

3.　创建"标签"图层

（1）新建一个名为"标签"的图层，在时间轴上按"Enter"键播放歌曲，当听到第一句歌词时，再按"Enter"键，此时会停止播放。大致确定第一句歌词的开始位置，在 410 帧处插入空白关键帧，设置标签名称为"1"（即 1 表示第一句歌词，也可以将第一句歌词设为标签名称，为了对歌词的进度一目了然），如图 5-44 和图 5-45 所示。

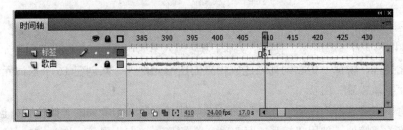

图 5-44　帧标签

（2）按"Enter"键，确定第二句歌词的大概位置，在 605 帧的位置插入空白关键帧，设置标签名称为"2"。

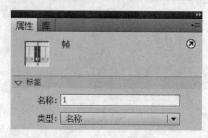

图 5-45　标签属性

（3）依此类推，不断按"Enter"键来确定每一句歌词的大概位置，并根据歌词顺序设置标签名称。

（4）设置完成后，再按"Enter"键听歌曲，对以上所设置的每一句歌词的开始帧进行检查并调整，尽量减少误差。

4．创建"歌词"元件

（1）根据歌曲的歌词大意，将歌曲的歌词分成 16 句。

（2）创建图形元件"歌词 1"，使用"文本工具"输入第一句歌词，"文本样式"为"传统文本"，"文本类型"为"静态文本"，"系列"为"文鼎中特广告体"，"颜色"为"#FF0000"，"大小"为"2.5"，"字符间距"为"1.3"，"滤镜"的"发光颜色"为"#FFFF00"，"强度"为"200"，"模糊 X"和"模糊 Y"都为"5"像素，如图 5-46～图 5-48 所示。

图 5-46　元件"歌词 1"属性 1

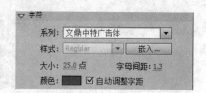

图 5-47　元件"歌词 1"属性 2

图 5-48　元件"歌词 1"属性 3

（3）创建图形元件"歌词 2"，使用"文本工具"输入第二句歌词，属性设置参考元件"歌词 1"。

（4）依此类推，将每一句歌词都创建成相应的图形元件（一共创建 16 个歌词元件）。

5．创建"字幕容器"图层

（1）新建"字幕容器"图层，在图层的 410 帧处（即第一句歌词的开始位置）创建关键帧。

（2）在该关键帧处，使用"矩形工具"画一个矩形，填充为黑色，宽为 550 像素，高为 50 像素。

（3）在 3450 帧处结束帧（将 3450 帧以后的帧做删除操作，也就是最后一句歌词结束的位置）。

6. 创建"歌词"图层

（1）新建一个名为"歌词"的图层，根据"标签"图层中创建的标签位置，可以将对应的歌词元件插入到对应的帧位置。

（2）在图层的 410 帧处插入空白关键帧，将"歌词 1"元件拖曳到舞台，将其放置在"字幕"图层中矩形的右边，要求在舞台的外部（歌词效果为右侧进入舞台），并设置 Y 值为 375.50。

（3）在 470 帧插入关键帧，在 470 帧处选中元件"歌词 1"，按"Ctrl+K"组合键，调出"对齐"面板，选中"对齐/相对舞台分布"选项 ☑ 与舞台对齐，然后单击"水平中齐" ，在 410 帧到 470 帧之间任意一帧处，单击鼠标右键，在弹出的菜单中选择"创建传统补间"，图层与帧格式如图 5-49 所示。

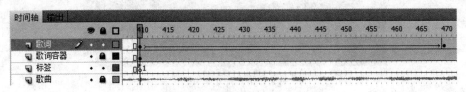

图 5-49　歌词补间动画

（4）将元件"歌词 1"的帧在 604 帧处结束（即第 2 句歌词开始的前一帧处）。

（5）依此类推，依次将其他歌词元件参考"标签"图层的标签位置拖曳到舞台，并参考第一句歌词的动画制作方法，创建其他歌词的动画方式。

7. 创建"片头"

（1）新建名为"片头背景"的图层，在第 1 帧处将名为"片头背景.jpg"的图片导入舞台，并设置图片大小为 550*400 像素，然后将第 1 帧以后的所有帧删除。

（2）新建名为"片头字幕"的图层，在第 1 帧处，使用"文本工具"输入歌曲名称、作曲和演唱者信息，放置舞台中的合适位置，并设置颜色为#66CCFF，滤镜为投影效果（投影属性值默认即可，不需要改动），然后将第 1 帧以后的所有帧删除。

（3）新建名为"片头按钮"的图层，在第 1 帧处选择"窗口 | 公用库 | 按钮 | classic buttons | circle buttons | circle button – next"按钮，并将该按钮放置在舞台合适位置，重设按钮外观颜色，使其和图片色系统一，然后将第 1 帧以后的所有帧删除，在按钮上单击鼠标右键，在弹出的菜单中选择"动作"，在弹出的"动作"面板中输入如下代码，片头效果如图 5-50 所示。

```
on(release){
play();}
```

8. 创建"停止"图层

（1）新建名为"停止"的图层，画面首先应该是不播放的，单击按钮后才开始播放。

（2）在第 1 帧处单击鼠标右键，在弹出的菜单中选择"动作"，在弹出的"动作"面板中输入代码"stop();"。

（3）将第 1 帧以后的所有帧删除。

9. 创建"镜头 1"

（1）新建名为"镜头 1"的图层，在 410 帧处插入关键帧，将名为"镜头 1 背景.jpg"的图片导入到舞台，设置大小为 550*400 像素，选中该图片，按"Ctrl+K"组合键，调出"对齐"面板，选中"对齐/相对舞台分布"选项 ☑ 与舞台对齐，然后单击"水平中齐" 和"垂直中齐" 按钮。

图 5-50　片头效果

（2）将名为"镜头 1 动画"的影片剪辑元件导入到舞台，放置在合适位置，如图 5-51 所示。

（3）将图层"镜头 1"在 604 帧结束（605 帧为镜头 2 开始处）。

10. 创建"镜头 2"

（1）新建名为"镜头 2"的图层，在 605 帧处插入关键帧，将名为"镜头 2 背景.jpg"的图片导入到舞台，设置大小为 550*350 像素，选中该图片，按"Ctrl+K"组合键，调出"对齐"面板，选中"对齐/相对舞台分布"选项☑ 与舞台对齐，然后单击"水平中齐" 宀 和"垂直中齐" ⬛ 按钮。

（2）将名为"镜头 2 动画"的影片剪辑元件导入到舞台，放置在合适位置，如图 5-52 所示。

图 5-51　镜头 1 效果图

5-52　镜头 2 效果

（3）将图层"镜头 2"在 794 帧结束。

11. 创建"镜头 3"

（1）新建名为"镜头 3"的图层，在 795 帧处插入关键帧，将名为"镜头 3 背景.jpg"的图片导入到舞台，设置大小为 550*350 像素，选中该图片，按"Ctrl+K"组合键，调出"对齐"面板，选中"对齐/相对舞台分布"选项☑ 与舞台对齐，然后单击"水平中齐" 宀 和"垂直中齐" ⬛ 按钮。

（2）将图形元件"镜头 3-1"、"镜头 3-2"和"镜头 3-3"分别导入到舞台，并放置在合适位置。

（3）将影片剪辑元件"镜头3动画"导入到舞台，并放置在合适位置，如图5-53所示。

（4）将图层"镜头3"在1180帧之前结束（图层"镜头3"和后面要创建的图层"镜头4"素材共用）。

12. 创建"镜头4"

新建名为"镜头4"的图层，在985帧处插入关键帧，将名为"镜头4动画"的影片剪辑元件拖入到舞台3次，放置在舞台右上角合适位置，并在1179帧处结束，如图5-54所示。

图5-53　镜头3效果　　　　　　　　　　　图5-54　镜头4元件位置

13. 创建"镜头5"

（1）新建名为"镜头5"的图层，在1180帧处插入关键帧，将名为"镜头5.jpg"的图片拖入到舞台，选中该图片，按"Ctrl+K"组合键，调出"对齐"面板，选中"对齐/相对舞台分布"选项☑ 与舞台对齐，然后单击"水平中齐" 🔧 和"垂直中齐" 🔧 按钮，并在1369帧处结束。

（2）将元件"镜头5-鸟身"、"镜头5-鸟身2"和"镜头5-鸟动"拖入到舞台，放置在合适位置，如图5-55所示。

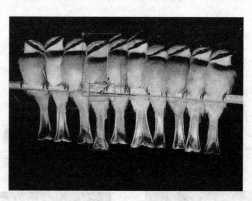

图5-55　镜头5元件位置及效果

14. 创建"镜头6"

（1）新建名为"镜头6"的图层，在1370帧处插入关键帧，将名为"镜头6-树.jpg"的图片拖入到舞台，选中该图片，按"Ctrl+K"组合键，调出"对齐"面板，选中"对齐/相对舞台分布"选项☑ 与舞台对齐，然后单击"水平中齐" 🔧 和"上对齐" 🔧 按钮，并在1579帧处结束。

（2）将元件"镜头6-鸟1"、"镜头6-鸟2"和"镜头6钱袋动画"拖入到舞台，放置在合适位置，其中元件"镜头6钱袋动画"需要拖入到舞台2次，这里的元件需要做些变形调整，如图

5-56 所示。

图 5-56 镜头 6 元件位置及效果

15. 创建"镜头 7"

（1）新建名为"镜头 7-1"的图层，在 1580 帧处插入关键帧，使用"矩形工具"在舞台上绘制一个矩形，将"属性"中的"笔触颜色"设为"无"，"填充颜色"为"#E6F5FA"，按"Ctrl+K"组合键，调出"对齐"面板，选中"对齐/相对舞台分布"选项☑ 与舞台对齐，然后单击"水平中齐"🔲 和"垂直中齐"🔲 按钮，并在 1754 帧处结束。

（2）在该图层的第 1580 帧处将元件"镜头 7 鸟 1"和"镜头 7 鸟 2"拖入到舞台，放置在合适位置。

（3）新建"镜头 7-2"图层，在 1580 帧处插入关键帧，将元件"镜头 7 圆圈"拖入到舞台，并在 1754 帧处结束。在 1754 帧处单击鼠标右键，在弹出的菜单中选择"创建补间动画"，在该帧将元件垂直向上移动，并做放大操作，如图 5-57 和 5-58 所示。

（4）新建"镜头 7-3"图层，将"镜头 7 圈套动画"拖入到舞台，在 1754 帧结束，如同 5-58 所示。

图 5-57 1580 帧元件位置及效果

图 5-58 1754 元件位置及效果

16. 创建"镜头 8"

新建名为"镜头 8"的图层，在 1755 帧处插入关键帧，将元件"镜头 8 背景"拖入到舞台，宽 550，高 350，选中该元件，按"Ctrl+K"组合键，调出"对齐"面板，选中"对齐/相对舞台分布"选项☑ 与舞台对齐，然后单击"顶对齐"🔲 和"左对齐"🔲 按钮，再将元件"镜头 8 动画"拖入到舞台合适位置，并在 1963 帧处结束，如图 5-59 所示。

图 5-59　1755 帧元件位置及效果

17. 创建"镜头 10"

（1）新建名为"镜头 10-1"的图层，在 2140 帧处插入关键帧，使用"矩形工具"在舞台上绘制一个矩形，"笔触颜色"设为"无"，"填充颜色"为#E6F5FA，按"Ctrl+K"组合键，调出"对齐"面板，选中"对齐/相对舞台分布"选项☑ 与舞台对齐，然后单击"水平中齐" 🖳 和"垂直中齐" 🐽 按钮，并在 2349 帧处结束。

（2）新建名为"镜头 10-2"的图层，分别在 2140 帧、2190 帧、2240 帧和 2290 帧处插入关键帧，并在 2349 帧处结束；将元件"镜头 10 春"、"镜头 10 夏"、"镜头 10 秋"和"镜头 10 冬"分别在 2140 帧、2190 帧、2240 帧和 2290 帧处拖入到舞台，放置在合适位置，如图 5-60、图 5-62、图 5-64 和图 5-66 所示。

图 5-60　2140 帧元件位置及效果

图 5-61　2189 元件位置及效果

（3）新建名为"镜头 10-3"的图层，分别在 2140 帧、2190 帧、2240 帧和 2290 帧处插入关键帧，并在 2349 帧处结束；将元件"镜头 10 鸟 1"、"镜头 10 鸟 2"、"镜头 10 鸟 3"和"镜头 10 鸟 4"分别在 2140 帧、2190 帧、2240 帧和 2290 帧处拖入到舞台，放置在合适位置，如图 5-60、图 5-62、图 5-64 和图 5-66 所示。

（4）新建名为"镜头 10-4"的图层，分别在 2140 帧、2190 帧、2240 帧和 2290 帧处插入关键帧，并在 2349 帧处结束；使用"文本工具"分别在 2140 帧、2190 帧、2240 帧和 2290 帧处输入文本"Spring"、"Summer"、"Autumn"和"Winter"，并放置到舞台合适位置，设置"属性"中的"系列"为"文鼎中特广告体"，"字号"为"60"，"颜色"为"#66CCCC"，"滤镜"为"发光"，其中"模糊 X"为 5 像素，"模糊 Y"为 5 像素，"强度"为"200%"，"发光颜色"为"#FF0000"，如图 5-60、图 5-62、图 5-64 和图 5-66 所示。

图 5-62　2190 帧元件位置及效果

图 5-63　2239 元件位置及效果

图 5-64　2240 帧元件位置及效果

图 5-65　2289 元件位置及效果

（5）分别在图层"镜头 10-4"的 2189 帧、2239 帧、2289 帧和 2349 帧处单击鼠标右键，在弹出的菜单中选择"创建补间动画"，并分别将文本"Spring"、"Summer"、"Autumn"和"Winter"做位置移动和放大操作，如图 5-61、图 5-63、图 5-65 和图 5-67 所示。

图 5-66　2290 帧元件位置及效果

图 5-67　2349 元件位置及效果

18．创建"镜头 11"

（1）新建 2 个图层："镜头 11"和"镜头 11-1"，都在 2350 帧处插入关键帧，都在 2519 帧处结束。

（2）分别在图层"镜头 11"和"镜头 11-1"的第 2250 帧处将位图"镜头 11.jpg"和元件"镜

头 11-1"拖入到舞台,并放置在合适位置。如图 5-68 所示。

19. 创建"镜头 12"

（1）新建 2 个图层:"镜头 12"和"镜头 12-1",都在 2520 帧处插入关键帧,都在 2734 帧处结束。

（2）分别在图层"镜头 12"和"镜头 12-1"的第 2520 帧处将位图"镜头 12.jpg"和元件"镜头 12-1"拖入到舞台,其中元件"镜头 12-1"需要拖入 4 次,并放置在合适位置。如图 5-69 所示。

图 5-68   2250 帧元件位置及效果   图 5-69   2520 帧元件位置及效果

20. 创建"镜头 14"

（1）新建图层"镜头 14",在 2925 帧处插入关键帧,在 3114 帧处结束;将图形元件"镜头 14-背景"和"镜头 14-孔雀"拖入到舞台,并放置在合适位置。

（2）新建图层"镜头 14-1",在 2925 帧处插入关键帧,在 3114 帧处结束;将影片剪辑元件"镜头 4 动画"拖入到舞台 4 次,放置在合适位置,如图 5-70 所示。

图 5-70   2925 帧元件位置及效果

21. 创建"镜头 15"

（1）新建图层"镜头 15",在 3115 帧处插入关键帧,在 3289 帧处结束;将图形元件"镜头 15-背景"放置在合适位置。

（2）新建图层"镜头 15-1",在 3115 帧处插入关键帧,在 3289 帧处结束;将元件"镜头 15-1"拖入到舞台,放置在合适的位置;再将 3125 帧转换为关键帧,将元件"镜头 15-1"拖入到舞台,放置在合适的位置；再次将 3151 帧转换为关键帧，将元件"镜头 15-1"拖入到舞台，放置在合适的位置，如图 5-71 所示。该图层与歌词"麻雀也能飞上青天谁的歌声真美妙"对应。

图 5-71　3151 帧元件位置及效果

22.　创建"镜头 16"

（1）新建图层"镜头 16"，在第 3290 帧处插入关键帧，在第 3924 帧处结束，将第 3451 帧转换为空白关键帧。

（2）在第 3290 帧处，将位图"镜头 16.jpg"和元件"镜头 16 鸟"拖入到舞台，并放置在合适的位置。在第 3451 帧处，将位图"镜头 16 后.jpg"拖入到舞台，并放置在合适位置，使用"文本工具"输入文本"谢谢观赏！"，如图 5-72 和图 5-73 所示，文本属性如图 5-74 所示。该图层与歌词"美女的要求也不算太高"对应。

图 5-72　3290 帧元件位置及效果

图 5-73　3451 元件位置及效果

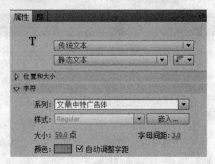

图 5-74　文本属性

23. 创建"镜头 17"

新建图层"镜头 17",在第 2 帧处插入关键帧,在 2924 帧处结束,将位图"镜头 9.jpg"和元件"镜头 15-1"拖入到舞台,放置在合适的位置;将第 1964 帧和第 2735 帧转换为关键帧,将第 410 帧和第 2140 帧转换为空白关键帧,如图 5-75 所示。该图层与歌词"我是一只小小鸟"对应。

图 5-75　第 2 帧元件位置及效果

24. 创建"结束代码"图层

新建图层"结束代码",在第 3924 帧处单击鼠标右键,在弹出的菜单中选择"插入关键帧",在该帧处再次单击鼠标右键,在弹出的菜单中选择"动作",在弹出的"动作"面板中,输入代码"stop();"。

5.5　项目拓展　光阴的故事

5.5.1　项目效果

通过本项目的拓展训练,可以进一步熟悉 Flash 中基本工具的使用方法;进一步熟悉对编辑舞台中帧、层、时间轴、场景的操作;进一步熟悉补间动画、形状补间和传统补间的使用方法;进一步熟悉图形元件、按钮元件和影片剪辑元件的使用方法和技巧;进一步熟悉遮罩的使用方法和技巧;进一步熟悉引导层的使用方法和技巧;进一步了解脚本语言的基本语法和简单命令的使用;最终使用上述技术来创作 Flash MV 作品,以及进一步了解制作 Flash MV 的基本思路、歌曲的设置、歌词的处理方法、字幕特效的制作、镜头画面的推移、场景的串联以及歌曲和画面的融合等知识,并希望学员能养成对素材最后的归类整理习惯,于己于人都会是一种方便。

本案例是一首校园歌曲 Flash MV 的创作,画面以一种青春、清新的风格为主体,配以合适的人物素材,来讲述光阴一去难再回,希望学生能够珍惜自己的青春年华,创作出属于自己的作品。最终项目效果如图 5-76 所示。

图 5-76　"光阴的故事 MV"效果

5.5.2　项目目的

在本项目中，主要解决以下问题：

1. Flash CS5 基本工具的使用。

2. 运用多种补间来实现动画制作。

3. 场景的组织和串联。

4. 使用 "ActionScript" 脚本语言。

5.5.3　项目技术实训

1. 导入素材

（1）选择"文件｜新建"命令，在弹出的"新建文档"对话框中选择"ActionScript 2.0"，单击"确定"按钮，进入新建文档舞台窗口。设置舞台宽度为 550 像素，高度为 400 像素，将背景颜色设为白色（#FFFFFF），单击"确定"按钮。

（2）选择"文件｜导入｜打开外部库"命令，选择"学习情境 5｜素材｜光阴的故事｜光阴的故事.fla"，单击"打开"按钮。

2. 制作标签和歌词元件

（1）将图层 1 重命名为"歌曲"，并在第 1 帧将库中的歌曲"光阴的故事.mp3"拖曳到舞台，在后面的帧不断按"F5"键，直到歌曲结束。

（2）新建图层"标签"，按照前几节介绍的方法制作标签，作标识作用（这里不再介绍标签的制作方法，可参考导入案例二）。

（3）新建图层"歌词"，一共 20 句歌词，创建 20 个图形元件，在每个元件里，使用"文本工具"输入对应的每一句歌词，文本工具属性如图 5-77 所示。

（4）新建图层"歌词遮罩"，制作歌词遮罩效果，让歌词呈现卡拉 OK 的效果，制作方法参考导入案例二（这里不再赘述）。

3. 制作片头

（1）片头效果如图 5-76 所示，分为 3 个部分：背景动画、字幕、"play"按钮。

（2）新建 3 个图层："片头背景"、"片头字幕"和"片头 play 按钮"。

图 5-77　文本属性

（3）将库中"片头"文件夹下的影片剪辑元件"片头背景动画"导入到"片头背景"图层下的第 1 帧，并将其后面的帧删除，仅保留第 1 帧。

（4）制作图形元件：新建图形元件"片头字幕 1"，使用"文本工具"输入文本"光阴的故事"，文本工具属性如图 5-78 所示。

（5）制作图形元件：新建图形元件"片头字幕 2"，使用"文本工具"输入文本"词曲：罗大佑（按"Enter"键）演唱：罗大佑"，文本属性如图 5-79 所示。

图 5-78　元件"片头字幕 1"中文本属性

图 5-79　元件"片头字幕 2"中文本属性

（6）将制作好的图形元件"片头字幕 1"和"片头字幕 2"拖入到"片头字幕"图层的第 1 帧，并调整位置，如图 5-76 所示。将其后的帧删除，仅保留第 1 帧。

（7）在图层"片头按钮"的第 1 帧，选择"窗口｜库｜公用库｜classic buttons｜circle buttons｜play"按钮，并将该按钮拖入到舞台合适位置，在按钮上单击鼠标右键，在弹出的菜单中选择"动作"，输入以下代码：

```
on(release){
play();
}
```

（8）MV 开始需要停止，只有单击"play"按钮后才开始播放，所有需要代码先将 MV 暂停，新建"片头暂停"图层，在第 1 帧处单击鼠标右键，在弹出的菜单中选择"动作"，在弹出的"动作"面板中输入代码"stop();"，并将其后的所有帧删除掉（这部分也可以放在标签图层，这里为了清晰，单独占用一个图层）。

4. 制作前奏

（1）前奏是单击片头"play"播放按钮后，第一句歌词还没有开始时的部分。前奏分为 2 个部分：背景和动画。

（2）新建 2 个图层："前奏背景"和"前奏动画"，都在第 2 帧插入关键帧，并在 329 帧处结束。

（3）在图层"前奏背景"的第 2 帧，将库中"前奏"文件夹中的影片剪辑元件"前奏背景"拖入到舞台，放置在合适位置，如图 5-80 所示。

（4）在图层"前奏动画"的第 2 帧，将库中的"前奏"文件夹中的影片剪辑元件"前奏动画"拖入到舞台（小瓢虫），放置在背景图片的叶子上，如图 5-80 所示。

图 5-80　放瓢虫在叶子上

（5）在"前奏动画"图层的第 2 帧处单击鼠标右键，在弹出的菜单中选择"创建补间动画"，分别将 50 帧、100 帧、150 帧、200 帧、250 帧、300 帧和 329 帧处拖动元件"前奏动画"到合适的位置，并做适当的旋转操作，制作让小瓢虫慢慢飞出画面的效果，各个关键帧的位置如图 5-81～图 5-86 所示，在 329 帧处将元件"前奏动画"拖出舞台外边缘即可。

图 5-81　50 帧元件位置

图 5-82　100 帧元件位置

图 5-83　150 帧元件位置

图 5-84　200 帧元件位置

图 5-85　250 帧元件位置

图 5-86　300 帧元件位置

5. 制作镜头 1

（1）新建 3 个图层："镜头 1 背景"、"镜头 1 动画 1"和"镜头 1 动画 2"，都在 330 帧处插入关键帧。

（2）在"镜头 1 背景"图层 330 帧处，将库中"位图"文件夹中的"镜头 1 背景"图片拖入到舞台，放置在合适位置；然后在 459 帧处插入空白关键帧，将"图形元件"文件夹中的元件"镜头 1 背景"拖入到舞台，放置在合适位置（注意要与 330 帧到 458 帧的图片位置一致）；在 670 帧处结束，在 459 帧处单击鼠标右键，在弹出的菜单中选择"创建补间动画"；在 624 帧处将元件"镜头 1 背景"放大到 200%，并调整到合适的位置；在 670 帧处，选中元件"镜头 1 背景"，设置"属性"中"色彩效果"下的"Alpha"值设为"0"；在 624 帧处，选中元件"镜头 1 背景"，设置"属性"中"色彩效果"下的"Alpha"值设为"100"。

（3）在"镜头 1 动画 1"图层 330 帧处，将库中"影片剪辑元件"文件夹中的元件"镜头 1 花瓣 1"、"镜头 1 花瓣 2"和"镜头 1 花瓣 3"拖入到舞台合适位置，并在 659 帧处结束。

（4）在"镜头 1 动画 2"图层 330 帧处，将库中"影片剪辑元件"文件夹中的元件"镜头 1 裙子"和"镜头 1 头发"拖入到舞台，放置在合适位置，并在 458 帧处结束。330 帧和 625 帧效果如图 5-87 和图 5-88 所示。

图 5-87　330 帧元件位置

图 5-88　625 帧元件位置

6. 制作镜头 2

（1）新建图层"镜头 2"，在 655 帧处插入关键帧，在 670 帧处插入空白关键帧。

（2）在 655 帧处，将库中"影片剪辑元件"文件夹中的元件"镜头 2 背景 1"拖入舞台，放置在合适位置，在该帧处单击鼠标右键，在弹出的菜单中选择"创建补间动画"，在 655 帧处选中该元件，设置"色彩效果"下的"Alpha"值为"0"；在 669 帧处，选中该元件，设置"色彩效果"下的"Alpha"值为"100"。并在 670 帧处将库中"位图"文件夹中的"镜头 2 背景 2.jpg"拖入到舞台，放置在合适位置；将"影片剪辑元件"文件夹中的元件"镜头 2 风车"拖入到舞台，放置在合适位置，在 824 帧处结束，如图 5-89 所示。

7. 制作镜头 3

（1）新建 3 个图层："镜头 3 背景"、"镜头 3 人物"和"镜头 3 鸽子"，都在 825 帧处插入关键帧，并在 984 帧处结束。

（2）在"镜头 3 背景"图层 825 帧处，将库中"影片剪辑元件"文件夹中的元件"镜头 3 背景"拖入到舞台，放置在合适位置。

图 5-89　824 帧元件位置

（3）在"镜头 3 人物"图层 825 帧处，将库中"图形元件"文件夹中的元件"镜头 3 人物"拖入到舞台，放置在合适位置，如图 5-90 所示。

（4）在"镜头 3 鸽子"图层 825 帧处，将库中"镜头 3 鸽子"文件夹中的元件"镜头 3 鸽子"拖入到舞台右侧外面。

（5）同时选中图层"镜头 3 背景"和"镜头 3 人物"的第 940 帧，单击鼠标右键，在弹出的菜单中选择"创建补间动画"，在此帧，同时选中这 2 个图层的元件"镜头 3 背景"和"镜头 3 人物"，做画面缩小操作，如图 5-91 所示。

图 5-90　825 帧元件位置

图 5-91　940 帧元件位置

（6）选择图层"镜头 3 鸽子"的 940 帧，单击鼠标右键，在弹出的菜单中选择"创建补间动画"，移动元件"镜头 3 鸽子"位置到舞台合适位置，在 984 帧处将其移动到舞台外。

8．制作镜头 4

（1）新建图层"镜头 4"，在 985 帧处插入关键帧，将库中"影片剪辑元件"文件夹中的元件"镜头 4"拖入到舞台，调整到合适位置，如图 5-92 所示。

（2）将第 2300 帧、3620 帧和 3950 帧插入关键帧；在第 1150 帧、2471 帧、3785 帧和 4115 帧处单击鼠标右键，在弹出的菜单中选择"插入空白关键帧"。985 帧到 1150 帧对应歌词"流水它带走光阴的故事改变了一个人"，2300 帧到 2471 帧对应歌词"流水它带走光阴的故事改变了两个人"，3620 帧到 3785 帧对应歌词"流水它带走光阴的故事改变了我们"，3950 帧到 4115 帧对应歌词"流水它带走光阴的故事改变了我们"。

9．制作镜头 5

（1）新建 2 个图层："镜头 5 背景"和"镜头 5 人物"，都在 1150 帧处插入关键帧，并在 1655 帧处结束。

图 5-92   940 帧元件位置

（2）在图层"镜头 5 背景"的第 1150 帧处，将库中"位图"文件夹中的图片"镜头 5 背景"拖入到舞台，放置在合适位置。

（3）在图层"镜头 5 人物"的第 1150 帧处，将库中"镜头 5"文件夹中的元件"镜头 5 女孩"拖入到舞台，放置在合适位置，如图 5-93 所示。

（4）同时选择这 2 个图层的第 1258 帧，单击鼠标右键，在弹出的菜单中选择"插入关键帧"，同时选择这 2 个图层的第 1594 帧，单击鼠标右键，在弹出的菜单中选择"创建补间动画"，同时选中舞台上这 2 个图层的元件，做放大操作，放大到合适位置，如图 5-94 所示。

图 5-93   1150 帧元件位置

图 5-94   1594 帧元件位置

（5）同时选择这 2 个图层的第 1655 帧，选中这 2 个图层中的元件，设置"色彩效果"下的"Alpha"值为"0"，在同时选择这 2 个图层的 1594 帧，选中这 2 个图层中的元件，设置"色彩效果"下的"Alpha"值为"100"。

10. 制作镜头 6

（1）新建 3 个图层："镜头 6 背景"、"镜头 6 相片 1"和"镜头 6 相片 2"，都在 1645 帧处插入关键帧，并在 1965 帧处结束。

（2）在图层"镜头 6 背景"的第 1645 帧处，将库中"影片剪辑元件"文件夹中的元件"镜头 6 背景"导入舞台，放置在合适位置，如图 5-95 所示。

（3）在图层"镜头 6 相片 1"的第 1645 帧处，将库中"影片剪辑元件"文件夹中的元件"镜头 6 相片 1"导入舞台，放置在合适位置，如图 5-95 所示。

（4）在图层"镜头 6 相片 2"的第 1645 帧处，将库中"影片剪辑元件"文件夹中的元件"镜头 6 相片 2"导入舞台，放置在合适位置，如图 5-95 所示。

（5）在 1670 帧处同时选中这 3 个图层，单击鼠标右键，在弹出的菜单中选择"插入关键帧"；在 1809 帧同时选中这 3 个图层，单击鼠标右键，在弹出的菜单中选择"创建补间动画"，并同时选择这 3 个图层的 3 个元件，同时放大到合适位置，如图 5-96 所示。

图 5-95　1645 帧元件位置

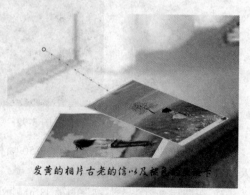

图 5-96　1809 帧元件位置

（6）在图层"镜头 6 背景"的第 1967 帧插入关键帧，将库中"图形元件"文件夹中的元件"镜头 6"拖入到舞台，放置到合适位置，在 2000 帧处结束，单击鼠标右键，在弹出的菜单中选择"创建补间动画"，设置"属性"面板中"色彩效果"下的"Alpha"值为"0"，在 1967 帧处设置"属性"面板中"色彩效果"下的"Alpha"值为"100"。

（7）新建图层"镜头 6 动画"，在 1807 帧处插入关键帧，将库中"影片剪辑元件"文件夹中的元件"镜头 6&8&13 动画"拖入到舞台多次，并随机放置在"相片"的上面，在 1974 帧处结束，如图 5-97 所示。

图 5-97　"镜头 6 图层"元件位置

11. 制作镜头 7

（1）新建 2 个图层："镜头 7 背景"和"镜头 7 人物"，都在 1975 帧处插入关键帧，并在 2095 帧处结束。

（2）在图层"镜头 7 背景"的第 1975 帧，将库中"图形元件"文件夹中的元件"镜头 7 背景"拖入到舞台，放置到合适位置。

（3）在图层"镜头 7 人物"的第 1975 帧，将库中"图形元件"文件夹中的元件"镜头 7 人物"拖入到舞台，放置到合适位置，如图 5-98 所示。

（4）同时选中这 2 个图层的第 2095 帧，单击鼠标右键，在弹出的菜单中选择"创建补间动画"，并同时选中这 2 个图层中的元件，做同时缩小操作，如图 5-99 所示。

图 5-98   1975 帧元件位置

图 5-99   2095 帧元件位置

12.   制作镜头 8

（1）新建图层"镜头 8 背景"，在第 2095 帧处插入关键帧，将库中"影片剪辑元件"文件夹中的元件"镜头 8"拖入到舞台，放置在合适位置，在 2299 帧处结束。在 2150 帧处单击鼠标右键，在弹出的菜单中选择"插入关键帧"，再次单击鼠标右键，在弹出的菜单中选择"创建补间动画"。在 2259 帧处，将该图形元件做放大操作。

（2）新建图层"镜头 8 动画"，在 2095 帧处插入关键帧，将库中"图形元件"文件夹中的元件"镜头 8 相片"拖入到舞台，放置在合适位置，并在 2150 帧处结束。

（3）将图层"镜头 8 动画"的 2141 帧处转换为空白关键帧。

（4）为图层"镜头 8 动画"的 2110 帧创建补间动画，将该帧处元件变形，如图 5-100 所示；在 2127 帧处变形操作，如图 5-101 所示；在 2140 帧处做变形操作，如图 5-102 所示。

图 5-100   2110 帧元件位置

图 5-101   2127 帧元件位置

图 5-102   2140 帧元件位置

（5）在图层"镜头 8 动画"中的第 2141 帧处，将库中"图形元件"文件夹中的元件"镜头 8 相片"拖入到舞台，放置在合适位置。

（6）在图层"镜头 8 动画"中的第 2142 帧处，将库中"影片剪辑元件"文件夹中的元件"镜头 8"拖入到舞台，放置在合适位置。

（7）新建图层"镜头 8 闪光特效"，在第 2258 帧处插入关键帧，将库中"影片剪辑元件"文件夹中的元件"镜头 6&8&13 动画"拖入到舞台多次，并随机放置在"相片"的上面，在 2299 帧处结束，如图 5-103 所示。

13.   制作镜头 9

（1）新建图层"镜头 9 背景"，在第 2471 帧处插入关键帧，将库中"影片剪辑元件"文件夹中的元件"镜头 9 背景"拖入到舞台，放置在合适位置。在 2615 帧处单击鼠标右键，在弹出的菜单中选择"插入空白关键帧"。在 2614 帧处单击鼠标右键，在弹出的菜单中选择"创建补间动画"，在该帧处选择该图层的元件，做缩小操作，如图 5-104 所示。在 2615 帧，将库中"位图"文件夹中的元件"镜头 9 背景"拖入到舞台，放置在合适位置，并在 2959 帧处结束。

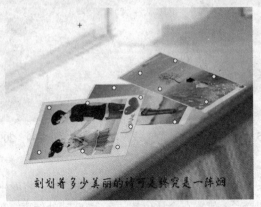

图 5-103　2259 帧元件位置

（2）新建图层"镜头 9 人物"，在第 2615 帧处插入关键帧，将库中"影片剪辑元件"文件夹中的元件"镜头 9 人物"拖入到舞台，放置在合适位置，并在 2959 帧处结束；在第 2959 帧处，单击鼠标右键，在弹出的菜单中选择"创建补间动画"，在该帧处选择该图层元件，设置"属性"面板中"色彩效果"下的"Alpha"值为"0"。在 2615 帧处，设置"属性"面板中"色彩效果"下的"Alpha"值为"100"，如图 5-105 所示。

图 5-104　2614 帧元件位置

图 5-105　2615 帧元件位置

14．制作镜头 10

（1）新建 2 个图层："镜头 10 背景"和"镜头 10 人物"，都在第 2960 帧处插入关键帧，在 3129 帧处结束。将库中"影片剪辑元件"文件夹中的元件"镜头 10 背景"和"镜头 10 人物"分别拖入到对应图层的舞台中，并放置在合适位置，如图 5-106 所示。

（2）同时选中图层"镜头 10 背景"和"镜头 10 人物"的第 3129 帧，单击鼠标右键，在弹出的菜单中选择"创建补间动画"，并在该帧处同时选中这 2 个图层中的元件，同时做位移操作，如图 5-107 所示。

图 5-106　2960 帧元件位置

图 5-107　3129 帧元件位置

15. 制作镜头 11

（1）新建图层"镜头 11 背景"，在第 3130 帧处插入关键帧，将库中"影片剪辑元件"文件夹中的元件"镜头 11 背景"拖入到舞台，放置在合适位置。在 3365 帧处单击鼠标右键，在弹出的菜单中选择"插入空白关键帧"，如图 5-108 所示。

（2）在 3255 帧处创建补间动画，选择元件，做缩小和位移操作，如图 5-109 所示。

图 5-108　3365 帧元件位置

图 5-109　3255 帧元件位置

（3）在 3295 帧处单击鼠标右键，在弹出的菜单中选择"插入关键帧 | 位置"。在第 3364 帧处，将该图层元件做放大操作。在 3365 帧，将库中"图形元件"文件夹中的元件"镜头 11 背景"拖入到舞台，放置在合适位置，并在 3619 帧处结束，如图 5-110 所示。

（4）在第 3454 帧处，选择该图层的元件，做位移操作，如图 5-111 所示。

（5）在第 3535 帧处，选择该图层的元件，做位移操作，如图 5-112 所示。

（6）在第 3580 帧处，选择该图层的元件，做位移操作，如图 5-113 所示。

16. 制作镜头 12

新建图层"镜头 12 背景"，在第 3785 帧处插入关键帧，在 3949 帧处结束。将库中"图形元件"文件夹中的元件"镜头 12 背景"拖入到舞台中，并放置在合适位置，如图 5-114 所示。

17. 制作镜头 13

（1）新建 2 个图层："镜头 13 背景"和"镜头 13 闪光特效"，在第 4115 帧处插入关键帧，如图 5-115 所示。

图 5-110　3365 帧元件位置

图 5-111　3454 帧元件位置

图 5-112　3535 帧元件位置

图 5-113　3580 帧元件位置

图 5-114　元件"镜头 12 背景"

　　（2）在图层"镜头 13 闪光特效"的第 4115 帧处，将库中"影片剪辑元件"文件夹中的元件"镜头 6&8&13 动画"拖入到舞台多次，并随机放置在"相片"的上面，在 4274 帧处结束，如图 5-115 所示。

　　（3）在图层"镜头 13 背景"的第 4115 帧处，将库中"影片剪辑元件"文件夹中的元件"镜头 11"拖入到舞台，放置在合适位置，并在 4735 帧处结束。将第 4275 帧转换为关键帧，在 4670 帧处单击鼠标右键，在弹出的菜单中选择"创建补间动画"，在该帧，选中该帧中该图层的元件，做缩小操作，如图 5-116 所示。

图 5-115　4115 帧元件位置　　　　　　图 5-116　4670 帧元件位置

5.6　学习情境小结

　　本学习情境通过案例导入及项目实战，使同学们能够熟练运用 Flash CS5 的各种工具及其属性完成 Flash MV 的创作。学生可以根据自己选择的歌曲对歌曲进行处理，自创剧本，收集素材，并对剧本分镜头处理，逐步将每一个镜头细化，并完成镜头的推移、串联，最终制作出一个完整的 Flash MV 短片。通过创作，既可以提高对自身专业知识的运用，又可以培养自身的审美情趣、陶冶情操。

5.7　学习情境练习五

　　1. 拓展能力训练项目——洋娃娃和小熊跳舞扩展。

● 项目任务

　　对导入案例三进行拓展。

● 客户要求

　　让导入案例三中的洋娃娃和小熊跳舞中的其他玩具动起来。

● 关键技术

　　➢ 动画的创作。

　　➢ 动画节奏的控制。

　　➢ 图层的熟练运用。

● 参照效果图

　　参考"学习情境 5 ｜素材｜儿童歌曲 MV 制作｜洋娃娃和小熊跳舞.fla"。

　　2. 拓展能力训练项目——独立创作一部 Flash MV。

● 项目任务

　　自主创作 Flash MV。

● 客户要求

　　自选歌曲，围绕歌曲创作一部符合歌曲意境的 Flash MV。

● 关键技术

　　➢ 歌曲的处理。

> ➢ 歌词的处理。
> ➢ 标签的使用。
> ➢ 动画的创作。
> ➢ 分镜头处理。
> ➢ 镜头的推移。
> ➢ 镜头之间的串联。

● 歌曲画面的融合

学习情境六
多媒体课件制作

 教学要求

学习情境	学习内容	能力要求
导入案例一：旋转的太极	① Flash CS5 基本命令	① 掌握 Flash CS5 菜单栏中的基本命令
导入案例二：卡通图标	② 绘图工具的使用	
导入案例三：What does he do？	③ Flash CS5 中快捷键的使用	② 熟练使用各种常用的绘图工具
项目一：咏鹅课件	④ 各种元件的制作及使用	③ 掌握相应元件的创建方法
扩展项目：选择题课件	⑤ ActionScript 语言的使用	④ ActionScript 语言的基本应用
		⑤ 根据实际需要完成各种类型的多媒体课件的制作

6.1　导入案例一　旋转的太极

6.1.1　案例效果

本案例主要通过使用"选择工具"和"椭圆工具"，结合各种快捷键的使用来制作旋转的太极。在 Flash CS5 中使用对象的矢量模式进行绘图，然后将若干个独立的对象进行组合，利用矢量图可以被切割的特点可以制作出想要得到的图形效果。最终案例效果如图 6-1 所示。

图 6-1　"旋转的太极"效果图

6.1.2 案例目的

在本案例中，主要解决以下问题：

1. "选择工具"的使用。

2. "椭圆工具"的使用。

3. Flash CS5 中各种快捷键的使用。

6.1.3 案例操作步骤

1. 创建 flash 文件

按"Ctrl+N"组合键新建一个 Flash 文件，并将其保存为"旋转的太极.fla"。

2. 绘制太极的形状

（1）选择"椭圆工具"，并将"椭圆工具"的填充颜色设置为"无"，按住"Shift+Alt"组合键的同时，以舞台中央为中心画正圆，如图 6-2 所示。

（2）使用"选择工具"选中该圆形，在属性面板中设置其宽和高均为 200；单击"窗口 | 对齐"命令打开"对齐"面板，勾选"与舞台对齐"复选框后选择"水平中齐"、"垂直中齐"，使圆位于舞台的中央。

（3）继续使用"椭圆工具"在舞台的其他位置绘制较小的圆形，设置其宽、高均为 100.5，按住"Ctrl"键的同时选中小圆拖曳，制作小圆的一个副本。

（4）将这两个小圆分别拖入到大圆中，使三者相切，得到如图 6-3 所示的图形。

图 6-2　绘制圆形

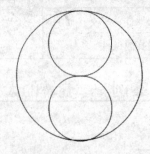

图 6-3　三圆相切

（5）使用"选择工具"并按住"Shift"键，将上圆左半边和下圆右半边选中，按"Delete"键进行删除，效果分别如图 6-4 和图 6-5 所示。

图 6-4　选择曲线

图 6-5　删除后的效果图

（6）使用"椭圆工具"在舞台上绘制两个笔触和填充均为黑色、宽高均为 50 的圆形。

（7）选择"颜料桶工具"，设置其颜色为"黑色"，单击图 6-5 中的左半边图形，将其填充为黑色；然后将颜料桶颜色设置为"白色"，单击右半边图形进行填充。

（8）将舞台中的一个圆形全部选中（包括线条和内部填充），移动到右半边圆形中。

（9）同样将另一个圆形选中，移动到左半边圆形中，修改该圆形的笔触，填充颜色均为白色，至此，太极图案制作完成，效果如图 6-6 所示。

图 6-6　太极图

3. 制作旋转效果

下面开始设置太极图的旋转动画效果：

（1）选中整个太极图，选择"修改|转换为元件"命令；在弹出的对话框中输入元件的名称"太极图"，类型为"影片剪辑"。

（2）选中图层 1 的第 72 帧，按"F6"键，在该帧上插入关键帧，按照帧频为 24fps 的速度计算，太极旋转一周的速度是 3s。

（3）选中图层 1，单击右键，选择"创建传统补间"，然后在"属性"选项卡中设置"顺时针"旋转。

（4）保存文件，按"Ctrl+Enter"组合键测试效果。

1. 按住"Shift"键可以绘制正圆，同时按住"Shift+Alt"组合键可以以鼠标所在点为基准绘制正圆。

2. 矢量图形具有可切割性质，它包括两部分：外部形状部分和内部填充部分。

6.2　导入案例二　卡通图标

6.2.1　案例效果

本案例主要通过使用"选择工具"、"椭圆工具"、"线条工具"、"任意变形工具"，结合各种菜单命令来完成卡通图标的绘制。在 Flash CS5 中使用对象的矢量模式进行绘图，然后使用"选择工具"和"任意变形工具"调整图形得到最终的效果；在本案例中，要注意矢量模式图形和绘制模式图形的区别。最终案例效果如图 6-7 所示。

图 6-7 "卡通图标"效果图

6.2.2 案例目的

在本案例中，主要解决以下问题：

1. "选择工具"和"任意变形工具"的使用。
2. "矩形工具"、"椭圆工具"、"线条工具"的使用。
3. 理解"编辑|粘贴到当前位置"命令的使用。

6.2.3 案例操作步骤

（1）新建 Flash 文档，设置文档尺寸为 250px*200px。
（2）新建一个名为"卡通图标"的图形元件，如图 6-8 所示。

图 6-8 创建新元件

（3）单击工具箱中的"椭圆工具"，设置笔触颜色为"无"，填充颜色为"#007700"，不透明度为"100%"，取消绘制对象模式，在图形元件"卡通图标"的图层 1 的舞台中绘制一个正圆形，如图 6-9 所示。

（4）单击工具箱中的"矩形工具"，设置填充颜色为"黑色"，在图形元件"卡通图标"的图层 1 的舞台中绘制矩形，如图 6-10 所示。

图 6-9 正圆形

图 6-10 圆和矩形

（5）选中刚刚绘制的矩形，执行"编辑|清除"命令，将刚刚创建的矩形删除；使用"选择工具"对半圆形图像进行调整，图形元件"卡通图标"的图层 1 的最终效果如图 6-11 所示。

（6）执行"编辑|复制"命令，在图形元件"卡通图标"中新建图层 2，执行"编辑|粘贴到当前位置"命令；使用"任意变形工具"将粘贴图像选中并缩小该图形的比例。

（7）选中较小的半圆形，打开"颜色"面板，设置一个从浅绿色到深绿色的线性渐变，具体效果如图 6-12 所示。

图 6-11　调整后的半圆　　　　　　　　图 6-12　线性渐变填充的半圆

（8）使用相同的方法绘制矩形，调整出卡通图标的脸庞；绘制椭圆，调整出卡通图标的眼睛、嘴巴以及其他效果。需要注意的是，每部分都是在单独的一个图层上面绘制的，完成效果如图 6-13 所示。

（9）调整图形的显示比例为 200%。在图形元件"卡通图标"中新建图层 8，单击工具箱中的"多角星形工具"，设置填充颜色为"深绿色"，在舞台中绘制一个多边形，移动到卡通图标上，调整位置并使用"选择工具"进行相应的调整，如图 6-14 所示。

图 6-13　卡通图标的五官　　　　　　　　图 6-14　卡通图标的头饰

（10）选中刚刚编辑的图形，执行"编辑|复制"命令；在图形元件"卡通图标"中新建图层 9，执行"编辑|粘贴到当前位置"命令粘贴该图形，将新图形等比例进行缩小，设置其填充颜色为浅一点的绿色，如图 6-15 所示。

（11）使用相同的方法，使用"椭圆工具"和"线条工具"绘制卡通图标的其他部分，重新将图形的显示比例设置为 100%，图形元件"卡通图标"的最终效果如图 6-16 所示。

（12）返回场景 1，单击工具箱中的"矩形工具"，设置填充颜色为由浅绿到深绿的线性渐变填充，在舞台中绘制一个矩形，并调整舞台的显示比例为 240%。

（13）使用"任意变形工具"顺时针旋转 90°，调整矩形的渐变效果。

（14）打开"库"面板，将图形元件"卡通元件"拖入场景中；调整舞台的显示比例为 100%，将文件保存为"卡通图标.fla"。

图 6-15　头饰的渐变填充

图 6-16　卡通图标图

> 1. 执行"编辑 | 粘贴到当前位置"命令，可将选中对象的副本粘贴到场景中同样的位置。
>
> 2. 矢量模式图形具有可切割的特性，同时，使用"选择工具"可以将矢量图形调整为需要的形状。

6.3　导入案例三　What does he do?

6.3.1　案例效果

本案例主要通过使用"任意变形工具"、"文本工具"、"对齐"面板及 Flash CS5 公共库中的按钮元件来完成实例的制作过程。在 Flash CS5 中使用库中按钮素材并对其添加 ActionScript 语句，可以制作出简单的多媒体课件；在本案例中要求读者掌握 on(release)语句和 gotoAndStop()语句的用法。本课件首页效果如图 6-17 所示。

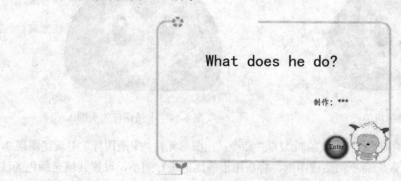
图 6-17　课件首页效果图

6.3.2　案例目的

在本案例中，主要解决以下问题：

1. "任意变形工具"、"文本工具"、"对齐"面板的使用。

2. Flash CS5 公共库中按钮的使用。

3. ActionScript 语句的使用。

6.3.3　案例操作步骤

1. 制作课件

（1）新建一个版本为 ActionScript 2.0 的 Flash 文件，并将其保存为"What does he do.fla"。

（2）选择"文件｜导入｜导入到库"命令，在弹出的"导入到库"对话框中选择"学习情境6｜素材｜What does he do"文件夹下的所有素材文件，单击"打开"按钮，这些图片都被导入到"库"面板中。

（3）从"库"面板中将"背景 1"图片拖曳到场景中；打开"对齐"面板，勾选"与舞台对齐"复选项后，选择"水平中齐"、"垂直中齐"及"匹配宽和高"。

（4）选择"文本工具"，设置字体为"黑体"，字号大小为"36"，字体颜色为"黑色"，输入多媒体课件的题目"What does he do?"；调整字体为"楷体"，字号大小为"20"，输入"制作人：***"。

（5）单击"窗口|公用库|按钮"命令，将 buttons circle bubble 中的"circle bubble grey"按钮拖曳到舞台场景中。

（6）选中图层 1 的第 1 帧，单击右键，选择"动作"命令，弹出"动作-帧"面板，在面板的左上方将脚本语言版本设置为"ActionScript 1.0&2.0"，单击"将新项目添加到脚本中"按钮，在弹出的菜单中选择"全局函数｜时间轴控制｜stop"命令，如图 6-18 所示；在脚本窗口中显示出选择的脚本语言；设置完成动作脚本后，关闭"动作-帧"面板；在图层 1 的第 1 帧上显示出标记"a"，第 1 帧的画面效果如图 6-19 所示。

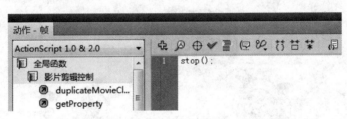

图 6-18　输入语句

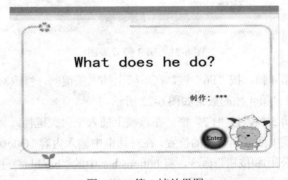

图 6-19　第 1 帧效果图

（7）选中图层的第 2 帧，按"F7"键，在该帧上插入空白关键帧，将素材"背景 2"、"村长1"、"喜洋洋 1"、"对话框"拖曳场景中，并摆放到合适的位置。

（8）单击"窗口|公用库|按钮"命令，将 buttons bar capped 中的"bar capped blue"按钮拖曳到舞台场景中，双击按钮进入编辑状态，将按钮上的单词"Enter"修改为"上一页"；将 buttons bar capped 中的 "bar capped grey" 按钮拖曳到舞台场景中，将单词 "Enter" 修改为 "下一页"。

（9）选择 "文本工具"，设置字体为 "宋体"，字号大小为 "18"，字体颜色为 "黑色"，在 "对话框" 中输入内容 "Good morning!"。第 2 帧的效果如图 6-20 所示。

图 6-20　第 2 帧效果图

（10）选中图层的第 3 帧，按 "F6" 键，在该帧上插入关键帧，将素材 "喜洋洋 1" 删掉，将素材 "喜洋洋 2" 拖曳到场景中并调整到合适的位置；修改对话框中的内容为 "What are you doing?" 并调整位置。第 3 帧的效果如图 6-21 所示。

图 6-21　第 3 帧效果图

（11）选中图层的第 4 帧，按 "F6" 键，在该帧上插入关键帧，修改对话框中的内容为 "I am painting!" 并调整其位置。第 4 帧的效果如图 6-22 所示。

（12）选中图层的第 5 帧，按 "F7" 键，在该帧上插入空白关键帧，将素材 "背景 2"、"村长 2"、"对话框" 拖曳到场景中摆放到合适的位置，在对话框中输入内容 "Question: What does he do?"。

（13）单击 "窗口|公用库|按钮" 命令，将 buttons bar 中的 "bar blue" 按钮拖曳到舞台场景中，并将单词 "Enter" 修改为 "上一页"；将 buttons bar 中的 "bar grey" 按钮拖曳到舞台场景中，并将单词 "Enter" 修改为 "返回"。第 5 帧的效果如图 6-23 所示。

2．添加 ActionScript 语句

（1）选中第 1 帧上的 "Enter" 按钮，单击右键，选择 "动作" 命令，弹出 "动作-按钮" 面板，在面板的左上方将脚本语言版本设置为 "ActionScript 1.0&2.0"，单击 "将新项目添加到脚本中"

按钮，在弹出的菜单中选择"全局函数｜影片剪辑控制｜on(release)"命令，在脚本窗口中显示出
选择的脚本语言；编写脚本，如图 6-24 所示；表示当单击该按钮时，播放头跳转到第 2 帧；设置
完成动作脚本后，关闭"动作-按钮"面板。

图 6-22　第 4 帧效果图

图 6-23　第 5 帧效果图

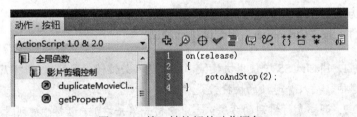

图 6-24　第 1 帧按钮的动作语句

（2）选中第 2 帧上的"下一页"按钮，单击右键选择"动作"命令，弹出"动作-按钮"面板，
使用同样的方法编写脚本，如图 6-25 所示；表示当单击该按钮时，播放头跳转到第 3 帧。

（3）选中第 3 帧上的"下一页"按钮，单击右键选择"动作"命令，弹出"动作-按钮"面板，
使用同样的方法编写脚本，如图 6-26 所示；表示当单击该按钮时，播放头跳转到第 4 帧。

（4）选中第 4 帧上的"下一页"按钮，单击右键选择"动作"命令，弹出"动作-按钮"面板，
使用同样的方法编写脚本，如图 6-27 所示；表示当单击该按钮时，播放头跳转到第 5 帧。

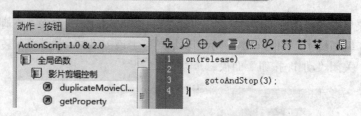

图 6-25　第 2 帧按钮的动作语句

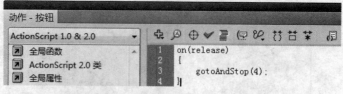

图 6-26　第 3 帧按钮的动作语句

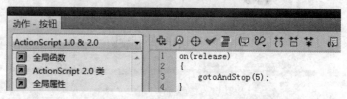

图 6-27　第 4 帧按钮的动作语句

（5）选中第 5 帧上的"返回"按钮，单击右键，选择"动作"命令，弹出"动作-按钮"面板，使用同样的方法编写脚本，如图 6-28 所示。表示当单击该按钮时，播放头返回第 1 帧。

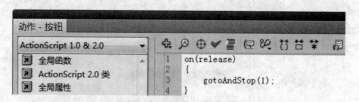

图 6-28　第 5 帧按钮的动作语句

（6）同样的方法制作第 2 帧至第 5 帧中"上一页"按钮的动作语句。

（7）保存文件，按"Ctrl+Enter"组合键进行测试。

1. Flash CS5 中使用快捷键"F6"插入关键帧，用快捷键"F7"插入空白关键帧，插入普通帧的快捷键是"F5"。

2. 调整素材排列的方法：选中素材并单击右键，选择"排列|上移一层"或"排列|下移一层"命令可以调整素材之间的层叠关系。

6.4　项目一　咏鹅课件

6.4.1　项目效果

本案例主要通过使用"文本工具"、"对齐"面板、Flash CS5 公共库中的按钮及各种音频素材来完成课件实例的制作过程。在 Flash CS5 中使用公共库中的按钮素材并对其添加声音，可以制作出惟妙惟肖的多媒体课件；在本案例中，要求读者掌握 gotoAndPlay()语句、gotoAndStop()语句及为按钮元件、影片剪辑元件添加声音的方法。本课件首页效果如图 6-29 所示。

图 6-29　《咏鹅》课件效果图

6.4.2　项目目的

在本项目中，主要解决以下问题：

1. "文本工具"和"选择工具"的使用。
2. "属性"面板和"对齐"面板的使用。
3. Flash CS5 公共库中按钮元件的使用。
4. 使用"ActionScript"脚本语言设置动画效果。

6.4.3　项目技术实训

1. 制作多媒体课件的界面

（1）新建一个版本为 ActionScript 2.0 的 Flash 文档，保存为"咏鹅课件.fla"。

（2）选择"文件｜导入｜导入到库"命令，在弹出的"导入到库"对话框中选择"学习情境 7｜素材｜咏鹅"文件夹下的所有图片素材，单击"打开"按钮，将这些图片导入到"库"面板中。

（3）打开"库"面板，将"背景 1"图片拖曳到场景中，打开"对齐"面板，勾选"与舞台对齐"复选项后，单击"水平中齐"、"垂直中齐"及"匹配宽和高"，效果如图 6-30 所示。

图 6-30　课件第 1 帧效果图

（4）选中图层的第 2 帧，按"F7"键，在该帧上插入空白关键帧，将"背景 2"图片拖曳到场景中并调整到匹配场景的大小，效果如图 6-31 所示。

图 6-31　课件第 2 帧效果图

2．制作多媒体课件中的影片剪辑元件

（1）制作"诗歌欣赏"元件

①选择"插入|新建元件"命令，在弹出的对话框中输入元件的名称"诗歌欣赏"，类型为"影片剪辑"。

②下面开始编辑"诗歌欣赏"元件。将素材"画卷"拖曳到场景中，调整图片大小为 550px*400px；打开"对齐"面板，勾选"与舞台对齐"复选项后，单击"水平中齐"和"垂直中齐"按钮，将图层 1 重命名为"背景"，效果如图 6-32 所示。

图 6-32　诗歌欣赏背景图

③选中"背景"图层的第 480 帧，按"F5"键，在该帧上插入普通帧。

④新建图层 2 并将其重命名为"诗歌"，选择"文本工具"，选择合适的字体、大小及颜色，录入诗歌《咏鹅》的内容，并调整其位置及字母间距，效果如图 6-33 所示。

⑤选中"诗歌"图层的第 481 帧，按"F5"键，在该帧上插入普通帧。

⑥新建"图层 3"，选择"矩形工具"，设置笔触颜色为"无"，填充颜色为"黑色"，在诗歌的上方绘制一个矩形，效果如图 6-34 所示。

图 6-33　诗歌内容

图 6-34　绘制矩形

⑦选中"图层 3"的第 480 帧,按"F6"键,在该帧上插入关键帧,调整矩形的大小,使其可以覆盖诗歌,如图 6-35 所示;单击"图层 3"的任意一帧,选择"创建补间形状",效果如图 6-36 所示;右击"图层 3",选择"遮罩层",产生遮罩效果。

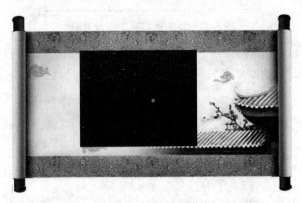

图 6-35　调整矩形大小

（2）制作"诗文赏析"元件

①选择"插入|新建元件"命令（或按"Ctrl+F8"组合键）,在弹出的对话框中输入元件的名称"诗文赏析",类型为"影片剪辑"。

图 6-36　创建形状补间

②下面开始编辑"诗文赏析"元件。将素材"诗意图"拖曳到场景中，调整图片大小为 550px*400px；打开"对齐"面板，勾选"与舞台对齐"复选项后，单击"水平中齐"和"垂直中齐"按钮，如图 6-37 所示。

图 6-37　诗文欣赏第 1 帧背景图

③选中图层的第 2 帧，按"F7"键，在该帧上插入空白关键帧，将素材"背景 3"拖曳到场景中，调整其大小及位置，方法同步骤 2，效果如图 6-38 所示。

图 6-38　诗文欣赏第 2 帧背景图

④选择"文本工具"，选择文字的字体为楷体，大小为 20，颜色为黑色，录入作品名称、创作年代、作者姓名及文学体裁，如图 6-39 所示。

【作品名称】《咏鹅》
【创作年代】初唐
【作者姓名】骆宾王
【文学体裁】五言古诗

图 6-39　诗文赏析作品介绍

⑤选中图层的第 3 帧，按"F6"键，在该帧上插入关键帧；将文字内容修改为《咏鹅》诗词的介绍，如图 6-40 所示。

《咏鹅》是唐代诗人骆宾王七岁时的作品。全诗共四句，分别写鹅的样子、游水时美丽的外形和轻盈的动作，表达了作者对鹅的喜爱之情。

图 6-40　诗文欣赏内容介绍

⑥选中图层的第 4 帧，按"F6"键，在该帧上插入关键帧；将文字内容修改为"原文大意"，如图 6-41 所示。

【原文大意】：鹅，鹅，鹅，弯曲着脖子对天唱着歌。一身雪白的羽毛浮在绿水上，红掌拨动着清澈的水波。

图 6-41　诗文欣赏诗歌含义

（3）制作"诗歌习题"元件

①选择"插入|新建元件"命令，在弹出的对话框中输入元件的名称为"诗歌习题"，类型"影片剪辑"。

②下面开始编辑"诗歌习题"元件；将素材"习题 1"拖曳到场景中，调整图片大小为550px*400px；打开"对齐"面板，勾选"与舞台对齐"复选项后，单击"水平中齐"和"垂直中齐"按钮，如图 6-42 所示。

图 6-42 诗歌习题第 1 帧背景图

③选中图层的第 2 帧，按"F7"键，在该帧插入空白关键帧；将素材"习题 2"拖曳到场景中，调整其大小及位置，方法同步骤②，如图 6-43 所示。

图 6-43 诗歌习题第 2 帧背景图

④选择"文本工具"，设置文字的字体为宋体，大小为 15，颜色为黑色，录入三道习题的内容，效果如图 6-44 所示。

⑤选中图层的第 3 帧，按"F6"键，在该帧上插入关键帧；将文字内容修改为参考答案内容，如图 6-45 所示。

（4）制作"作者介绍"元件

①选择"插入|新建元件"命令，在弹出的对话框中输入元件的名称为"作者介绍"，类型为"影片剪辑"。

图 6-44　诗歌习题内容

图 6-45　诗歌习题参考答案

②下面开始编辑"作者介绍"元件。将素材"背景 4"拖曳到场景中，调整图片大小为550px*400px；打开"对齐"面板，勾选"与舞台对齐"复选项后，单击"水平中齐"和"垂直中齐"按钮；将素材"骆宾王"拖曳到场景的左上角，效果如图 6-46 所示。

图 6-46　作者介绍效果图

③选择"文本工具"，选择文字的字体为楷体，大小为 16，颜色为黑色，在图片"骆宾王"下

方录入文字内容"骆宾王（约 640－684 年以后）唐代诗人。"。

④选中图层的第 72 帧，按"F5"键，在该帧上插入普通帧；接着分别在图层的第 4 帧、第 7 帧、第 10 帧、第 13 帧、第 16 帧、第 19 帧、第 22 帧、第 25 帧、第 28 帧、第 31 帧、第 34 帧、第 37 帧、第 40 帧、第 43 帧、第 46 帧、第 49 帧、第 52 帧、第 55 帧、第 58 帧及第 61 帧处按"F6"键，插入关键帧，然后逐帧修改。

⑤将第 1 帧的内容修改为"骆"，第 4 帧的内容修改为"骆宾"，第 7 帧的内容修改为"骆宾王"；依此类推，直到第 61 帧显示全部的文字内容。

⑥使用同样的方法，在第 73 帧和第 184 帧之间制作字幕的动画效果，文字内容为"骆宾王，婺州义乌人（今属浙江）。七岁能诗，号称'神童'。早年丧父，家境穷困。"，然后在第 216 帧按"F5"键键插入帧。

⑦使用同样的方法，在第 217 帧和第 451 帧之间制作字幕的动画效果，文字内容为"他与王勃、杨炯、卢照邻以文词齐名，世称'王杨卢骆'，号为'初唐四杰'。其为五律，精工整炼，不在沈、宋之下，尤擅七言长歌，排比铺陈，圆熟流转，或被誉为'绝唱'。"；在第 460 帧按"F5"键插入帧。

3. 将影片剪辑元件放入场景中

（1）返回场景中，选中图层的第 3 帧，按"F7"键，在该帧上插入空白关键帧；打开"库"面板，将"诗歌欣赏"元件拖曳到场景中。

（2）打开"对齐"面板，勾选"与舞台对齐"复选项，单击"水平中齐"、"垂直中齐"及"匹配宽和高"按钮。

（3）使用同样的方法，在图层的第 4 帧、第 5 帧及第 6 帧分别按"F7"键，插入空白关键帧；然后将"诗文赏析"元件、"诗歌习题"元件、"作者介绍"元件拖曳到场景中，并调整到适当的大小和位置。

4. 添加按钮元件

（1）为场景添加按钮元件

①选择场景的第 1 帧，打开"库"面板，展开"buttons bubble 2"文件夹，将"bubble 2 orange"按钮拖曳到场景中，并摆放到适当的位置，如图 6-47 所示。

图 6-47　在课件第 1 帧添加按钮

②选中"bubble 2 orange"按钮单击右键，选择"动作"命令，弹出"动作-按钮"面板，在面板的左上方将脚本语言版本设置为"ActionScript 1.0&2.0"，单击"将新项目添加到脚本中"按钮，

在弹出的菜单中选择"全局函数｜影片剪辑控制｜on(release)"命令，在脚本窗口中显示出选择的脚本语言，编写脚本，如图6-48所示。设置完成动作脚本后，关闭"动作-按钮"面板。

图6-48　bubble 2 orange 按钮的动作语句

③选中第1帧，单击右键选择"动作"命令，打开"动作-帧"面板，在面板的左上方将脚本语言版本设置为"ActionScript 1.0&2.0"，单击"将新项目添加到脚本中"按钮，在弹出的菜单中选择"全局函数｜时间轴控制｜stop"命令，如图6-49所示；在多媒体课件图层的第1帧上显示出标记"a"，如图6-50所示。

④选择场景的第2帧，打开"库"面板，将"classic buttons"文件夹展开，选择"Arcade buttons"文件夹，将"arcade button - red"按钮、"arcade button - yellow"按钮、"arcade button -blue"按钮及"arcade button - green"按钮分别拖曳到场景中，并摆放到适当的位置，效果如图6-51所示。

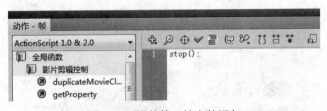

图6-49　课件第1帧上的语句

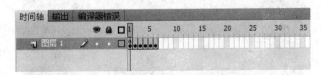

图6-50　课件第1帧上的标记

图6-51　在课件第2帧添加按钮

⑤选中"arcade button - red"按钮，单击右键，选择"动作"命令，弹出"动作-按钮"面板，在面板的左上方将脚本语言版本设置为"ActionScript 1.0&2.0"，单击"将新项目添加到脚本中"按钮，在弹出的菜单中选择"全局函数｜影片剪辑控制｜on(release)"命令，在脚本窗口中显示出选择的脚本语言，编写脚本，如图 6-52 所示。设置完成动作脚本后，关闭"动作-按钮"面板。

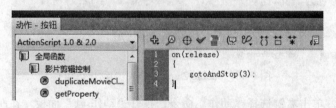

图 6-52　arcade button - red 按钮的动作语句

⑥同样的方法，依次打开"arcade button - yellow"按钮、"arcade button -blue"按钮和"arcade button - green"按钮的"动作-按钮"面板，复制上述脚本语句，修改 gotoAndStop()函数内容分别为 4、5、6。

⑦选择"文本工具"，设置文字的字体为楷体，大小为 20，颜色为黑色，在红、黄、蓝、绿四色按钮旁分别相应地输入文字"诗歌欣赏"、"诗文赏析"、"诗歌习题"及"作者介绍"，如图 6-53 所示。

图 6-53　在按钮旁录入文字

⑧选中第 2 帧，单击右键选择"动作"命令，弹出"动作-帧"面板，在面板的左上方将脚本语言版本设置为"ActionScript 1.0&2.0"，单击"将新项目添加到脚本中"按钮，在弹出的菜单中选择"全局函数｜时间轴控制｜stop"命令，在脚本窗口中显示出选择的脚本语言；设置完成动作脚本后，关闭"动作-帧"面板，在多媒体课件图层的第 2 帧上显示出标记"a"。

（2）为"诗歌欣赏"元件添加按钮元件

①双击"诗歌欣赏"元件开始编辑，新建图层并将其重命名为"按钮"图层，在第 481 帧按"F7"键插入空白关键帧；打开"库"面板，展开"buttons bar"文件夹，将"bar green"按钮和"bar grey"按钮拖曳到舞台中，并摆放到合适的位置，如图 6-54 所示。

②选择"bar green"按钮，单击右键，选择"动作"命令，弹出"动作-按钮"面板，在面板的左上方将脚本语言版本设置为"ActionScript 1.0&2.0"，单击"将新项目添加到脚本中"按钮，在弹出的菜单中选择"全局函数｜影片剪辑控制｜on(release)"命令，在脚本窗口中显示出选择的

脚本语言，编写脚本，如图 6-55 所示。设置完成动作脚本后，关闭"动作-按钮"面板。

图 6-54　诗歌欣赏中的按钮

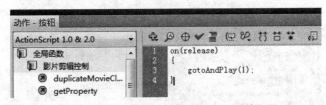

图 6-55　bar green 按钮的动作语句

③选择"bar grey"按钮单击右键，选择"动作"命令，弹出"动作-按钮"面板，使用同样的方法编写脚本，如图 6-56 所示。设置完成动作脚本后，关闭"动作-按钮"面板。

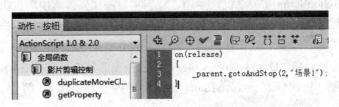

图 6-56　bar grey 按钮的动作语句

④选中"背景"图层的第 481 帧，按"F6"键，在该帧上插入关键帧；选中该帧，单击右键选择"动作"命令，弹出"动作-帧"面板，在面板的左上方将脚本语言版本设置为"ActionScript 1.0&2.0"，单击"将新项目添加到脚本中"按钮，在弹出的菜单中选择"全局函数 | 时间轴控制 | stop"命令，在脚本窗口中显示出选择的脚本语言；设置完成动作脚本后，关闭"动作—帧"面板，在背景图层的第 481 帧上显示出标记"a"，完成后返回场景中。

（3）为"诗文赏析"元件添加按钮元件

①选择"选择工具"，双击第 4 帧的"诗文赏析"元件，进入该元件的编辑窗口；选择窗口的第 1 帧，打开"库"面板，将"classic buttons"文件夹展开，选择"Ovals"文件夹，将"Oval buttons - green"按钮拖曳到舞台中，并摆放到合适的位置，如图 6-57 所示。

②选中"Oval buttons - green"按钮，单击右键，选择"动作"命令，弹出"动作-按钮"面板，在面板的左上方将脚本语言版本设置为"ActionScript 1.0&2.0"，单击"将新项目添加到脚本中"按钮，在弹出的菜单中选择"全局函数 | 影片剪辑控制 | on(release)"命令，在脚本窗口中显示出选择

的脚本语言，编写脚本，如图 6-58 所示。设置完成动作脚本后，关闭"动作-按钮"面板。

图 6-57　诗文赏析第 1 帧的按钮

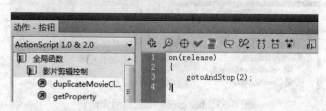

图 6-58　Oval button-green 按钮的动作语句

③选中第 1 帧，单击右键选择"动作"命令，弹出"动作-帧"面板，在面板的左上方将脚本语言版本设置为"ActionScript 1.0&2.0"，单击"将新项目添加到脚本中"按钮，在弹出的菜单中选择"全局函数 | 时间轴控制 | stop"命令，在脚本窗口中显示出选择的脚本语言；设置完成动作脚本后，关闭"动作-帧"面板，在图层的第 1 帧上显示出标记"a"。

④使用同样的方法，将"Oval buttons - blue"按钮拖曳到第 2 帧和第 3 帧，将图 6-58 中按钮元件的动作语句复制，依次修改 gotoAndStop()函数中的内容为 3 和 4，界面效果如图 6-59 和图 6-60 所示。

图 6-59　诗文赏析第 2 帧的按钮

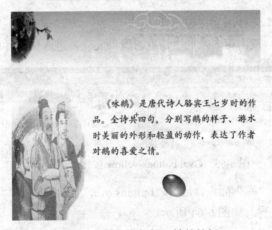

图 6-60　诗文赏析第 3 帧的按钮

⑤使用同样的方法，将"Oval buttons - orange"按钮和"Oval buttons -yellow"按钮分别拖曳到第 4 帧，调整它们的位置，效果如图 6-61 所示。

图 6-61　诗文赏析第 4 帧的按钮

⑥选中"Oval buttons - orange"按钮，单击右键，选择"动作"命令，弹出"动作-按钮"面板，在面板的左上方将脚本语言版本设置为"ActionScript 1.0&2.0"，单击"将新项目添加到脚本中"按钮，在弹出的菜单中选择"全局函数｜影片剪辑控制｜on(release)"命令，在脚本窗口中显示出选择的脚本语言，编写脚本，如图 6-62 所示。设置完成动作脚本后，关闭"动作-按钮"面板。

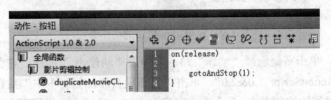

图 6-62　Oval buttons-orange 按钮的动作语句

⑦选中"Oval buttons - yellow"按钮，单击右键，选择"动作"命令，弹出"动作-按钮"面板，使用同样的方法编写脚本，如图 6-63 所示。设置完成动作脚本后，关闭"动作-按钮"面板，返回场景中。

（4）为"诗歌习题"元件添加按钮元件

①选择"选择工具"，双击第 5 帧的"诗歌习题"元件，进入该元件的编辑窗口。

图 6-63　Oval buttons-yellow 按钮的动作语句

②选择第 1 帧，打开"库"面板，展开"buttons oval"文件夹，将"oval grey"按钮拖曳到窗口中，并摆放到合适的位置，如图 6-64 所示。

图 6-64　诗歌习题第 1 帧效果图

③选中该按钮，单击右键选择"动作"命令，弹出"动作-按钮"面板，在面板的左上方将脚本语言版本设置为"ActionScript 1.0&2.0"，单击"将新项目添加到脚本中"按钮，在弹出的菜单中选择"全局函数｜影片剪辑控制｜on(release)"命令，在脚本窗口中显示出选择的脚本语言，编写脚本，如图 6-65 所示。设置完成动作脚本后，关闭"动作-按钮"面板。

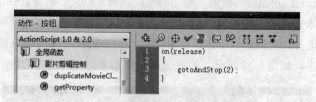

图 6-65　oval grey 按钮的动作语句

④选中第 1 帧，单击右键选择"动作"命令，弹出"动作-帧"面板，在面板的左上方将脚本语言版本设置为"ActionScript 1.0&2.0"，单击"将新项目添加到脚本中"按钮，在弹出的菜单中选择"全局函数｜时间轴控制｜stop"命令，在脚本窗口中显示出选择的脚本语言；设置完成动作脚本后，关闭"动作-帧"面板，在图层的第 1 帧上显示出标记"a"。

⑤将"oval green"按钮拖曳到第 2 帧的窗口中，并摆放到适当的位置；选中该按钮，单击右键选择"动作"命令，弹出"动作-按钮"面板，复制"oval grey"按钮动作脚本内容，修改 gotoAndStop()函数内容为 3，界面如图 6-66 所示。

图 6-66　诗歌习题第 2 帧效果图

⑥将 "oval blue" 按钮拖曳到第 3 帧的窗口中，并摆放到适当的位置；选中该按钮，单击右键选择 "动作" 命令，弹出 "动作-按钮" 面板，复制 "oval grey" 按钮动作脚本内容。

⑦将 "oval red" 按钮拖曳到第 3 帧的窗口中，并摆放到适当的位置；选中该按钮，单击右键选择 "动作" 命令，弹出 "动作-按钮" 面板，在面板的左上方将脚本语言版本设置为 "ActionScript 1.0&2.0"，单击 "将新项目添加到脚本中" 按钮，在弹出的菜单中选择 "全局函数｜影片剪辑控制｜on(release)" 命令，在脚本窗口中显示出选择的脚本语言，编写脚本，如图 6-67 所示。设置完成动作脚本后，关闭 "动作—按钮" 面板。界面效果如图 6-68 所示，完成后返回场景中。

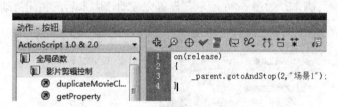

图 6-67　oval red 按钮的动作语句

图 6-68　诗歌习题第 3 帧效果图

（5）为 "作者介绍" 元件添加按钮元件

①选择"选择工具",双击第 6 帧的"作者介绍"元件,进入该元件的编辑窗口。

②新建图层 2,选中图层 2 的第 461 帧,按"F7"键,插入空白关键帧;打开"库"面板,展开"buttons bar capped"文件夹,将"bar capped dark blue"按钮和"bar capped grey"按钮拖曳到窗口中,并调整到适当的位置,如图 6-69 所示。

图 6-69　作者介绍中的按钮元件

③选中"bar capped dark blue"按钮单击右键,选择"动作"命令,弹出"动作-按钮"面板,在面板的左上方将脚本语言版本设置为"ActionScript 1.0&2.0",单击"将新项目添加到脚本中"按钮,在弹出的菜单中选择"全局函数｜影片剪辑控制｜on(release)"命令,在脚本窗口中显示出选择的脚本语言,编写脚本,如图 6-70 所示。设置完成动作脚本后,关闭"动作-按钮"面板。

图 6-70　bar capped dark blue 按钮的动作语句

④选中"bar capped grey"按钮单击右键,选择"动作"命令,弹出"动作-按钮"面板,使用与步骤③同样的方法编写脚本,如图 6-71 所示。设置完成动作脚本后,关闭"动作-按钮"面板。

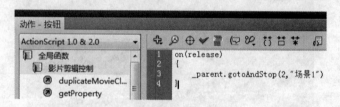

图 6-71　bar capped grey 按钮的动作语句

⑤选中图层 1 的第 461 帧,按"F6"键,在该帧上插入关键帧,选中该帧,单击右键选择"动作"命令,打开"动作-帧"面板,在面板的左上方将脚本语言版本设置为"ActionScript 1.0&2.0",单击"将新项目添加到脚本中"按钮,在弹出的菜单中选择"全局函数｜时间轴控制｜stop"命令;设置完成动作脚本后,关闭"动作-按钮"面板;在图层 1 的第 461 帧上显示出标记"a",完成后

返回场景中。

5. 添加声音效果

（1）选择"文件｜导入｜导入到库"命令，在弹出的"导入到库"对话框中，选择"学习情境 7｜素材｜咏鹅"文件夹，按住"Ctrl"键选中音频文件"return.wav"、"咏鹅.mp3"和"typewriter.mp3"，单击"打开"按钮，将音频文件导入到"库"面板中。

（2）双击第 1 帧中的"bubble 2 orange"按钮，进入该按钮的编辑窗口；新建一个图层，在"按下"处单击右键选择"插入空白关键帧"，打开"库"面板，将"return.wav"文件拖曳到舞台中，声音图层的效果如图 6-72 所示。

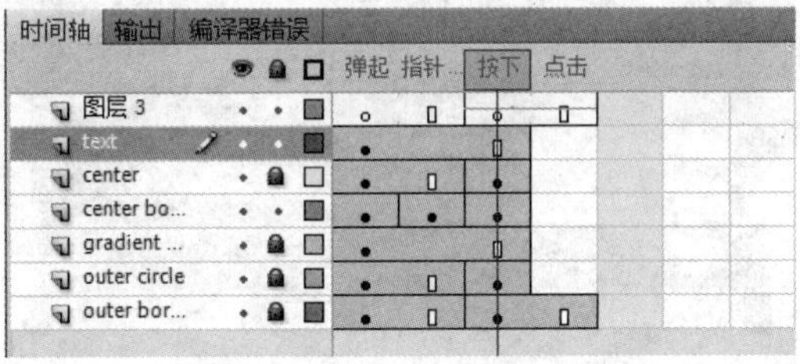

图 6-72　给按钮添加声音

（3）使用同样的方法为场景及"诗歌欣赏"、"诗文赏析"、"诗歌习题"和"作者介绍"四个影片剪辑元件中的按钮元件添加声音效果。

（4）双击"诗歌欣赏"元件进入编辑状态，新建图层重命名为"sound"图层，选中该图层的第 30 帧，按"F7"键，在该帧上插入空白关键帧，将"咏鹅.mp3"文件拖入窗口中，效果如图 6-73 所示。

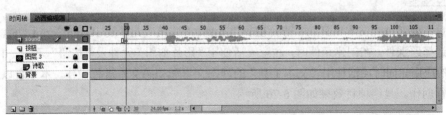

图 6-73　sound 图层效果图

（5）为"作者介绍"元件的字幕部分添加声音效果。在"作者介绍"元件中新建图层并重命名为"sound"，在第 31 帧、第 61 帧、第 73 帧、第 103 帧、第 133 帧、第 163 帧、第 185 帧、第 217 帧、第 247 帧、第 277 帧、第 307 帧、第 337 帧、第 367 帧、第 397 帧、第 427 帧分别按"F7"键，插入空白关键帧，将音频文件"typewriter.mp3"拖曳到窗口中；并在第 451 帧按"F5"插入帧，结束声音的播放。

6. 按钮元件的文字编辑

公共库中按钮上的字幕为"Enter"，我们可以通过编辑按钮元件中的"text"图层来达到修改按钮上字幕的目的，具体的方法如下：

（1）双击"诗歌欣赏"元件中的"bar green"按钮，进入该按钮的编辑窗口；选中"text"图层，选择"文本工具"，将原内容修改为"重播"，如图 6-74 和图 6-75 所示。

（2）使用同样的方法修改"诗歌欣赏"、"诗文赏析"、"诗歌习题"和"作者介绍"四个影片剪辑元件中的其他按钮元件上的文本内容。

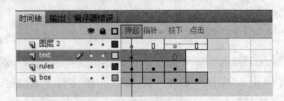

图 6-74　选中按钮 text 图层

图 6-75　修改按钮上的文字

（3）整个多媒体课件制作完成，按"Ctrl+Enter"组合键即可查看效果。

6.5　项目拓展　选择题课件

6.5.1　项目效果

本项目主要通过"文本工具"、"影片剪辑"元件、"按钮"元件及 ActionScript 语言的综合使用来制作选择题课件。在创建元件时，注意灵活使用"影片剪辑"元件及"按钮"元件，并理解"图形"元件的应用。同时灵活使用"文本工具"的静态文本和动态文本进行操作，本项目以这些内容为基础进行创作。最终项目效果如图 6-76 所示。

图 6-76　最终效果图

6.5.2　项目目的

在本项目中，主要解决以下问题：

1. Flash 软件工具箱中文本工具的使用。

2. Flash CS5 中各种元件的使用。

3. ActionScript 命令的简单应用，如 gotoAndStop()、stop()、click()等。

6.5.3　项目技术实训

1. 制作选择题课件的界面

（1）新建一个版本为 ActionScript 2.0 的 Flash 文档，设置文件的大小为 500px*600px，背景色为白色，保存为"选择题课件.fla"。

（2）新建"图层 1"，选择"文本工具"，设置字体、颜色和大小，输入试卷的题头为"XX 学院 C 程序设计试卷"。

（3）新建"图层 2"，选择"文本工具"，设置字体、颜色和大小，输入问题及答案选项，课件的界面效果如图 6-77 所示。

XX学院C程序设计试卷

1.以下不属于三种基本数据结构的是( )

A.选择结构　　　　B.循环结构
C.跳转结构　　　　D.顺序结构

2.以下程序的运行结果是( )

```
#include<stdio.h>
void  main( )
{
    int    a=3, b=4;
    printf( "a=%%%d, b=%d%%", a, b);
}
```

A. a=3, b=4　　　　B.a=3%, b=4%
C.a=%d, b=%d　　　D.a=%3, b=4%

图 6-77　选择题试卷

2. 制作选择题课件中的按钮元件

（1）单击"插入｜新建元件"命令或使用组合键"Ctrl+F8"创建新元件，名称为"选项"，类型为"按钮"，然后单击"确定"按钮开始编辑该元件。

（2）选择"矩形工具"，设置笔触为"无"，填充颜色为"任意"，在舞台上绘制矩形；右键单击"点击"，选择"插入帧"，选中矩形并将其填充颜色"Alpha"值调为"0"，"选项"元件的效果如图 6-78 所示。

（3）新建按钮类型元件，名称为"提交"。选择"矩形工具"，设置笔触颜色为"黑色"，填充颜色为"任意"，在舞台上绘制矩形；右键单击"点击"，选择"插入帧"，将填充颜色的"Alpha"值调整为"7%"；在"指针经过"和"按下"两处分别插入关键帧，并分别调整填充颜色的"Alpha"值为"24%"和"5%"。效果如图 6-79～图 6-81 所示，然后单击返回场景。

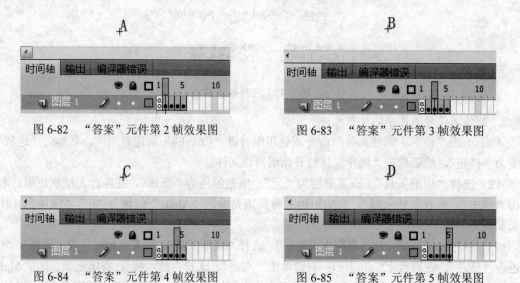

图 6-78　选项元件图　　　　　　　　　　　图 6-79　提交元件"点击"图

图 6-80　提交元件"指针经过"图　　　　　　图 6-81　提交元件"按下"图

3. 制作选择题课件中的影片剪辑元件

（1）新建影片剪辑元件，名称为"答案"。

（2）选中图层的第 1 帧，选择"动作"命令，弹出"动作-帧"面板，在面板的左上方将脚本语言版本设置为"ActionScript 1.0&2.0"，单击"将新项目添加到脚本中"按钮，在弹出的菜单中选择"全局函数｜时间轴控制｜stop"命令，在脚本窗口中显示出选择的脚本语言；设置完成动作脚本后，关闭"动作-帧"面板，在图层的第 1 帧上显示出标记"a"。

（3）选中图层的第 2 帧，按"F7"键，在该帧上插入空白关键帧，使用"文本工具"设置字体颜色为"黑色"，输入"A"，适当调整字体及字号大小，效果如图 6-82 所示。

（4）选中图层的第 5 帧，按"F5"键，在该帧上插入普通帧，同时选中 2～5 帧并将其转换为关键帧；逐帧修改 3、4、5 帧的内容分别为 B、C、D，具体效果如图 6-83～图 6-85 所示。

图 6-82　"答案"元件第 2 帧效果图　　　　　图 6-83　"答案"元件第 3 帧效果图

图 6-84　"答案"元件第 4 帧效果图　　　　　图 6-85　"答案"元件第 5 帧效果图

（5）新建一个影片剪辑元件，名称为"对错"。

（6）选中第 1 帧并单击右键，选择"动作"命令，弹出"动作-帧"面板，使用与步骤（2）相同的方法输入动作语句"stop();"，设置完成动作脚本后，关闭"动作-帧"面板，在图层的第 1 帧上显示出标记"a"。

（7）选中图层的第 2 帧，按"F7"键，在该帧上插入空白关键帧，并用"线条工具"画出"√"，设置对号的颜色为"红色"，笔触大小为"1.5"，如图 6-86 所示。

（8）选中图层的第 3 帧，按"F6"键，在该帧上插入关键帧，然后将"√"改为"×"，颜色为红色，使用"部分选取工具"进行调整，如图 6-87 所示。

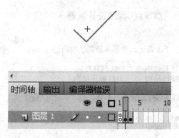

图 6-86　"对错"元件"对号"效果图　　　　图 6-87　"对错"元件"错号"效果图

4. 元件的放置

（1）在场景 1 中新建"图层 3"，选中第 1 帧，单击右键选择"动作"命令，弹出"动作-帧"面板，在面板的左上方将脚本语言版本设置为"ActionScript 1.0&2.0"，单击"将新项目添加到脚本中"按钮，在弹出的菜单中选择"全局函数｜时间轴控制｜stop"命令，在脚本窗口中显示出选择的脚本语言；设置完成动作脚本后，关闭"动作-帧"面板，在图层 3 的第 1 帧上显示出标记"a"。

（2）新建图层并将其重命名为"答案对错"，打开"库"面板，将"库"面板中的"答案"和"对错"元件分别拖放至两道题目的右侧，效果如图 6-88 所示。

（3）新建图层并将其重命名为"选项"，将"库"面板中的"选项"元件分别拖放到两道题目的四个选项上，效果如图 6-89 所示。

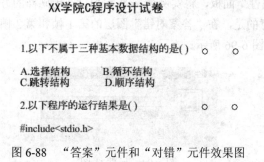

图 6-88　"答案"元件和"对错"元件效果图　　　　图 6-89　"选项"元件效果图

（4）新建图层并将其重命名为"提交"，拖动"提交"按钮并在其上输入文字内容"提交"，字体颜色为黑色。

（5）分别选中"图层 1"、"图层 2"和"选项"图层的第 2 帧，按"F5"键插入普通帧，选中图层 3、"答案对错"图层和"提交"图层的第 2 帧，按"F6"键插入关键帧，并将"提交"图层第 2 帧的文字"提交"修改为"返回"，表示单击"提交"按钮后，按钮上的字幕变为"返回"。

（6）新建图层并将其重命名为"显示成绩"，第 1 帧为空，选中显示成绩图层的第 2 帧，按"F7"键，在该帧上插入空白关键帧，选择"文本工具"类型为"动态文本"，实例名称为"mc"，变量名称为"cj"，字体颜色为红色。此时场景及图层时间轴的效果如图 6-90～图 6-92 所示。

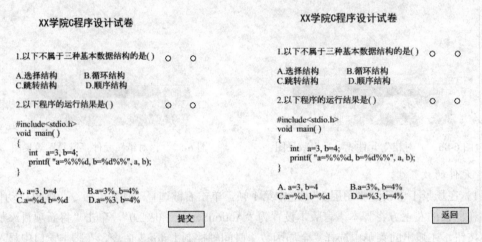

图 6-90　选择题试卷第 1 帧　　　　图 6-91　选择题试卷第 2 帧

图 6-92　选择题试卷时间轴

5．ActionScript 语句编程

（1）选中第一题的"答案"元件，打开"属性"面板，将实例名称改为"t1"，用同样的方法将"对错"元件的实例名称改为"d1"，需要注意的是，在"答案对错"图层的第 1 帧和第 2 帧都要进行实例名称的修改，具体的效果如图 6-93～图 6-96 所示。

1.以下不属于三种基本数据结构的是( )

A.选择结构　　　B.循环结构
C.跳转结构　　　D.顺序结构

图 6-93　选中"答案"元件图　　　　图 6-94　元件 t1 图

1.以下不属于三种基本数据结构的是( )

A.选择结构　　　B.循环结构
C.跳转结构　　　D.顺序结构

图 6-95　选中"对错"元件图

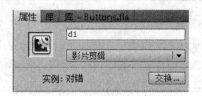

图 6-96　元件 d1 图

（2）选中 A 选项的按钮元件单击右键，选择"动作"命令，弹出"动作-按钮"面板，在面板的左上方将脚本语言版本设置为"ActionScript 1.0&2.0"，单击"将新项目添加到脚本中"按钮，在弹出的菜单中选择"全局函数｜影片剪辑控制｜on(release)"命令，在脚本窗口中显示出选择的脚本语言，编写脚本，如图 6-97 所示。设置完成动作脚本后，关闭"动作—按钮"面板。对 B、C、D 选项进行同样的操作，更改 gotoAndStop()函数中的参数：B 选项为 3，C 选项为 4，D 选项为 5；表示当学生按下答案并提交后，在原题目上显示的答案。

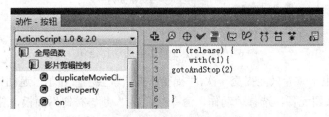

图 6-97　答案 A 按钮元件的动作语句

（3）单击"提交"按钮，注意此时单击的一定是按钮，而不是文本；选择"动作"命令，弹出"动作-按钮"面板，使用同样的方法编写动作脚本内容，如图 6-98 所示。设置完成动作脚本后，关闭"动作-按钮"面板。表示当学生按下"提交"按钮后，按钮上的字幕变为"返回"。

图 6-98　提交按钮元件的动作语句

（4）分别在四个选项上单击右键，选择"动作"命令，弹出"动作-按钮"面板并添加语句，在选项 A、B、D 第二行添加语句"da=0"，表示该答案是错误的；在选项 C 的第二行中添加语句"da=1"，表示该答案是正确的；以选项 A 的"按钮"元件的动作语句为例，如图 6-99 所示。

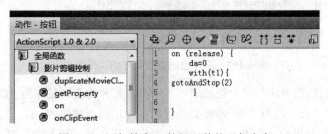

图 6-99　添加答案 A 按钮元件的语句内容

（5）选中图层 3 的第 2 帧，按 "F7" 键，在该帧上插入空白关键帧，单击右键选择 "动作" 命令，弹出 "动作-帧" 面板，在面板的左上方将脚本语言版本设置为 "ActionScript 1.0&2.0"，单击 "将新项目添加到脚本中" 按钮，在弹出的菜单中选择 "语句 | 条件/循环 | if" 命令，在脚本窗口中显示出选择的脚本语言，编写脚本，如图 6-100 所示；设置完成动作脚本后，关闭 "动作—帧" 面板，在图层 3 的第 2 帧上显示出标记 "a"；该语句表示如果 da==1（即答案正确）就显示对号，反之显示错号。

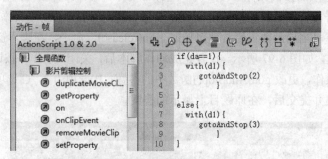

图 6-100　图层 3 第 2 帧的动作语句

（6）但是此时电子试卷只能提交一次，"提交" 按钮就会一直显示 "返回" 的字样；单击 "提交" 图层第 2 帧的按钮元件，选择 "动作" 命令，弹出 "动作-按钮" 面板，使用同样的方法编写动作脚本解决该问题，如图 6-101 所示。设置完成动作脚本后，关闭 "动作-按钮" 面板。

图 6-101　返回按钮元件的语句内容

但是之前选择的答案和对错判断都没有消掉，因此要继续添加代码。

（7）在上面动作语句的第二行添加如图 6-102 所示的动作语句。

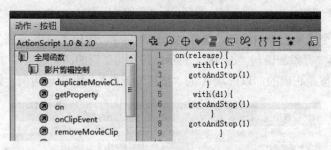

图 6-102　添加返回按钮元件的动作语句

（8）对于第二道题的做法与第一题相同，首先命名元件的实例名称为 "t2"、"d2"，然后复制动作语句，将其中的 "da" 改为 "db"，需要注意的是，正确选项的 db=1，其余选项均为 0。

（9）接着是成绩的显示，选中 "显示成绩" 图层的第 2 帧，按 "F7" 键，在该帧上插入空白关键帧，添加动作语句代码，如图 6-103 所示。设置完成动作脚本后，关闭 "动作-帧" 面板，在显示成绩图层的第 2 帧上显示出标记 "a"。

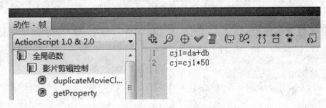

图 6-103　成绩图层第 2 帧的动作语句

（10）新建图层并将其重命名为"成绩"，选中"成绩"图层的第 2 帧，按"F7"键，在该帧上插入空白关键帧，选择"文本工具"，在动态文本的旁边使用静态文本输入：成绩　　　分，中间的空白部分用于显示动态变化的分数。

（11）保存实例，按"Ctrl+Enter"组合键进行测试。另外大家还可以自行设计界面，使它的显示更加美观、细致。

6.6　学习情境小结

本学习情境通过案例导入及项目实战，使同学们能够熟练运用 Flash CS5 的典型工具、相应的面板及命令来完成多媒体课件的创作。多媒体课件在日常教学中的重要作用不容小觑，通过使用多媒体课件可以更好地表达课程主题，也可以帮助学生轻松理解课程含义，目前多媒体课件已成为传递知识的"桥梁"。通过本学习情境的学习，大家可以根据自己的需要选择背景图片、设计课件主题，制作出内容更加充实和丰富的多媒体课件。

6.7　学习情境练习六

1. 拓展能力训练项目——数学题课件。

● 项目任务

设计制作一个数学题课件。

● 客户要求

以"十以内数字的加法"为主题，设计一个 500*600 像素的数学选择题课件。

● 关键技术

➢ 文字工具的使用。

➢ 按钮元件的创建。

➢ ActionScript 动作语句的使用。

● 参照内容

➢ 数学题课件的内容和结果，分别如图 6-104 和图 6-105 所示。

2. 拓展能力训练项目——古代诗词课件。

● 项目任务

设计制作一个古代诗词课件，内容自定。

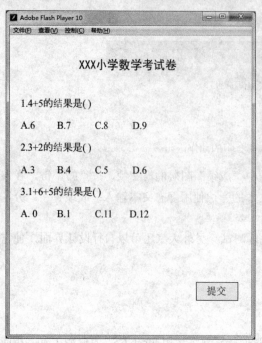

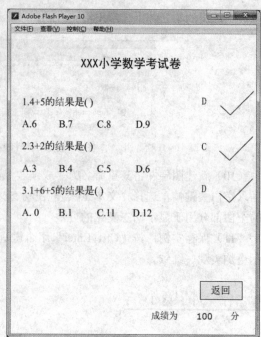

图 6-104　数学题课件图 1　　　　　　图 6-105　数学题课件图 2

- 客户要求

  以唐诗三百首为主要范围，设计一个 550*400 像素的多媒体课件，以颂扬古代诗词的优美。

- 关键技术

  ➢ 影片剪辑元件的创建。

  ➢ 公共库中按钮和声音的使用。

- ActionScript 语句的灵活使用

附录
学习情境练习指南

学习情境练习一

1.1 友情贺卡的制作

一、创建新文件

新建 Flash 文档，大小为 550*400 像素，并保存文件，如图 1-1 所示。

二、绘制"雪景"

（1）新建"图层 1"，使用"刷子工具"在舞台上粗略地勾勒出雪人、房子、树木和路灯的大概位置，如图 1-2 所示。

（2）参照"图层 1"中绘制的草稿，用"线条工具"细致地勾画出雪人、房子、树木和路灯的具体结构，如图 1-3 所示。

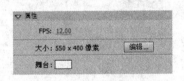

图 1-1　文档属性

图 1-2　使用"刷子工具"绘图

图 1-3　使用"线条工具"绘图

（3）使用"颜料桶工具"上色，如图 1-4 所示。

（4）使用"铅笔工具"画出各部分明暗交界线，如图 1-5 所示。

图 1-4　使用"颜料桶工具"上色　　　　图 1-5　使用"铅笔工具"画出明暗交界线

（5）在暗面上填充较暗的颜色，然后删除明暗交界线，并将背景填充为深蓝色到浅蓝色的线性渐变，如图 1-6 所示。

（6）新建图层，使用"刷子工具"添加雪花，如图 1-7 所示。

图 1-6　将背景填充渐变色　　　　　　图 1-7　绘制雪花

三、输入文字

（1）创建"影片剪辑"元件，并将其命名为"文字"。选中第 1 帧，输入文字"祝你永远开心快乐"，颜色为"粉色"，如图 1-8 所示。选中第 20 帧，使用"任意变形工具"对文字进行变形，颜色为"黄色"，如图 1-9 所示。

祝你永远开心快乐

图 1-8　第 1 帧中的文字

（2）选中第 1 帧，单击鼠标右键，从弹出的菜单中选择"创建补间形状"命令。

图1-9　第20帧中的文字

四、输入 ActionScript 语言

选中"脚本"图层的第7帧，单击鼠标右键，从弹出的快捷菜单中选择"动作"命令，在"动作-帧"面板中输入如图1-10所示的语句。

1.2　教师节贺卡的制作

一、创建新文件

新建 Flash 文档，大小为450*300像素，并保存文件，如图1-11所示。

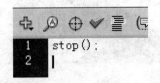

图1-10　输入脚本语言

图1-11　文档属性

二、创建影片剪辑"光动"

（1）单击"库"面板的"新建元件"按钮，弹出"创建新元件"对话框，在"名称"文本框中输入名称"光动"，在"类型"下拉列表中选择"影片剪辑"选项，如图1-12所示。单击"确定"按钮，舞台窗口也随即转入该影片剪辑的舞台窗口。

图1-12　创建新元件

（2）单击"图层1"的第60帧及第120帧，按"F6"键插入关键帧，选中第60帧，使用"任意变形工具"对其进行逆时针旋转。选中第1帧及第60帧，单击鼠标右键，从弹出的快捷菜单中选择"创建传统补间"命令。

（3）创建影片剪辑元件"书动"，选中"图层1"的第30帧，按"F5"键插入普通帧，选中"图层2"的第15帧及第30帧，按"F6"键插入关键帧，选中第15帧，使用"任意变形工具"将书略向上翻起。选中第1帧及第15帧，单击鼠标右键，从弹出的快捷菜单中选择"创建补间形状"命令，时间轴面板如图1-13所示。

图 1-13　时间轴面板

三、输入文字

创建新图层并将其命名为"文字"，输入"亲爱的老师节日快乐"，效果如图 1-14 所示。

图 1-14　输入文字

四、插入声音

创建新图层并将其命名为"声音"，从"库"面板中将声音文件"背景音乐"拖入舞台窗口即可。

学习情境练习二

2.1　手机广告的制作 1

一、创建新文件

新建 Flash 文档，大小为 550*400 像素，舞台颜色为"CC666"并保存文件，如图 2-1 所示。

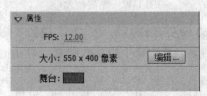

图 2-1　文档属性

二、导入图片

（1）按"Ctrl+F8"组合键，创建一个名为"图片"的图形元件。

（2）选择"文件｜导入｜导入到库"命令，在弹出的"导入到库"对话框中选择"学习情境2｜素材｜衣服广告"文件夹下的"衣服"图片，单击"打开"按钮，图片被导入到"库"面板中，效果如图 2-2 所示。

图 2-2　导入图片

三、制作动画

（1）回到主场景，新建图层 1，将库面板中的 "衣服"图片拖入到舞台中央，设置其宽高分别为 550 和 400。

（2）在第 36 帧上单击鼠标右键，插入帧。

（3）新建图层 2，选择"矩形工具"，将颜色栏的"笔触颜色"设置为▨，填充色设置颜色为"66CCFF"。

（4）在场景中绘制一些矩形，如图 2-3 所示。

图 2-3　绘制矩形

（5）在 12 帧插入关键帧，绘制一些矩形，如图 2-4 所示。

图 2-4 绘制矩形

（6）在 25 帧插入关键帧，绘制一些矩形，如图 2-5 所示。

图 2-5 绘制矩形

（7）在 35 帧插入关键帧，绘制一些矩形，如图 2-6 所示。

图 2-6 绘制矩形

（8）在 1 到 12 帧、12 到 25 帧、25 到 35 帧间分别创建补间形状，如图 2-7 所示。

图 2-7　创建补间形状

四、测试

按"Ctrl+Enter"组合键测试影片，最终效果如图 2-8 所示，参见"情境 2 | 效果 | 衣服广告"。

图 2-8　最终效果

2.2　手机广告的制作 2

一、创建新文件

新建 Flash 文档，大小为 400*300 像素，并保存文件，如图 2-9 所示。

图 2-9　文档属性

二、制作渐变色块

（1）按"Ctrl+F8"组合键，创建一个名为"square"的图形元件。

（2）选择"矩形工具"，将颜色栏的"笔触颜色"设置为 ☑，填充色设置颜色为"红色"。

（3）在工作区中央绘制一个矩形，选择工具栏中的"选择工具"，单击工作区中的矩形，设置属性面板中宽高值为36*37，如图2-10所示。

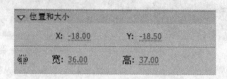

图2-10　矩形属性设置

（4）按"Ctrl+F8"组合键，创建一个名为"animated square"的图形元件。

（5）将库面板中的元件"square"拖入工作区，如图2-11所示。

图2-11　矩形位置设置

（6）将5、10、15帧和20帧分别插入关键帧。

（7）选择工具栏中的"选择工具"，单击第5帧中的元件，然后在属性面板中，将其宽高值设置为27.1*27.9。

（8）选择工具栏中的选择工具，单击第10帧中的元件，然后在属性面板中，将其宽高值设置为16*16.4，将其样式选择为"Alpha"并设置为0%。

（9）选择工具栏中的"选择工具"，单击第15帧中的元件，然后在属性面板中设置宽高为26*26.7，设置"高级样式"参数如图2-12所示。

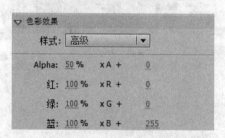

图2-12　高级样式设置

（10）在第1至5帧、5至10帧、10至15帧之间分别创建传统补间动画，如图2-13所示。

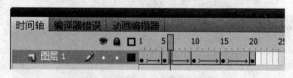

图2-13　创建传统补间动画

三、制作渐变色条

（1）按"Ctrl+F8"组合键，创建一个名为"column"的图形元件。

（2）将库面板中的元件"animated square"拖入工作区，如图2-14所示。

（3）在第 20 帧上单击鼠标右键，插入帧。

（4）单击"新建图层"按钮，新建图层 2，再次将库面板中的元件"animated square"拖入工作区中，如图 2-15 所示。

图 2-14 设置元件在工作区中的位置   图 2-15 将元件拖入工作区

（5）单击图层 2 中的元件，在属性面板中将循环下的选项选择为"循环"，第一帧设置为"3"，如图 2-16 所示。

图 2-16 设置循环

（6）单击"新建图层"按钮，新建图层 3，再次将库面板中的元件"animated square"拖入工作区中，如图 2-17 所示。

图 2-17 将元件拖入工作区

（7）单击图层 3 中的元件，在属性面板中将循环下的选项选择为"循环"，第一帧设置为"5"，如图 2-18 所示。

图 2-18 设置循环

（8）单击"新建图层"按钮，新建图层 4，再次将库面板中的元件"animated square"拖入工作区中了，如图 2-19 所示。

图 2-19　将元件拖入工作区

（9）单击图层 4 中的元件，在属性面板中将循环下的选项选择为"循环"，第一帧设置为"7"，如图 2-20 所示。

图 2-20　设置循环

（10）单击"新建图层"按钮，新建图层 5，再次将库面板中的元件"animated square"拖入工作区中，如图 2-21 所示。

图 2-21　将元件拖入工作区

（11）单击图层 5 中的元件，在属性面板中将循环下的选项选择为"循环"，第一帧设置为"9"，如图 2-22 所示。

图 2-22　设置循环

四、制作渐变动画

（1）按"Ctrl+F8"组合键，创建一个名为"rows"的图形元件。

（2）将库面板中的元件"column"拖入工作区，如图 2-23 所示。

（3）在第 20 帧上单击鼠标右键，插入帧。

（4）单击"新建图层"按钮，新建图层 2，再次将库面板中的元件"column"拖入工作区中，如图 2-24 所示。

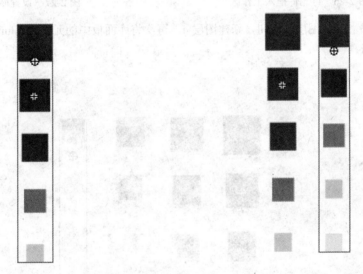

图 2-23　将元件拖入工作区　　　　　　　　图 2-24　将元件拖入工作区

（5）单击图层 2 中的元件，在属性面板中将循环下的选项选择为"循环"，第一帧设置为"3"，如图 2-25 所示。

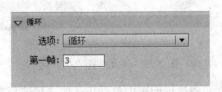

图 2-25　设置循环

（6）单击"新建图层"按钮，新建图层 3，再次将库面板中的元件"column"拖入工作区中，如图 2-26 所示。

（7）单击图层 3 中的元件，在属性面板中将循环下的选项选择为"循环"，第一帧设置为"5"，如图 2-27 所示。

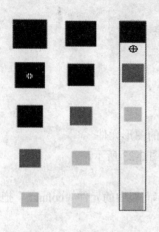

图 2-26　将元件拖入工作区

图 2-27　设置循环

（8）单击"新建图层"按钮，新建图层 4，再次将库面板中的元件"column"拖入工作区中，如图 2-28 所示。

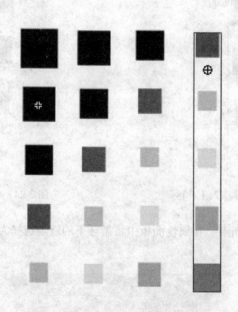

图 2-28　将元件拖入工作区

（9）单击图层 4 中的元件，在属性面板中将循环下的选项选择为"循环"，第一帧设置为"7"，如图 2-29 所示。

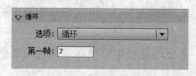

图 2-29　设置循环

（10）单击"新建图层"按钮，新建图层 5，再次将库面板中的元件"column"拖入工作区中，如图 2-30 所示。

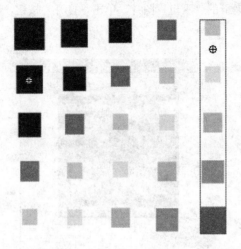

图 2-30　将元件拖入工作区

（11）单击图层 5 中的元件，在属性面板中将循环下的选项选择为"循环"，第一帧设置为"9"，如图 2-31 所示。

图 2-31　设置循环

（12）回到场景中，将库面板中的元件"rows"拖入场景中，如图 2-32 所示，在第 20 帧单击鼠标右键，插入帧。

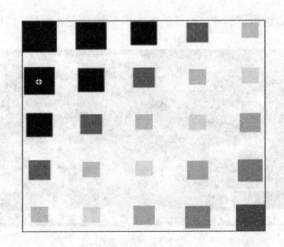

图 2-32　设置元件位置

五、导入图片

（1）单击"新建图层"按钮，插入图层 2。

（2）选择"文件｜导入｜导入到库"命令，在弹出的"导入到库"对话框中选择"学习情境 2｜素材｜手机广告"文件夹下的"手机"图片，单击"打开"按钮，图片被导入到"库"面板中，效果如图 2-33 所示。

图 2-33　导入图片

（3）将库中的"手机"图片拖入到场景中，设置其位置与大小，如图 2-34 所示。

图 2-34　位置和大小设置

六、测试

按"Ctrl+Enter"组合键测试影片，最终效果如图 2-35 所示，参见"情境 2｜效果｜手机广告"。

图 2-35　最终效果

学习情境练习三

休闲假日照片的制作

一、创建新文件

新建 Flash 文档，大小为 500*500 像素，并保存文件，如图 3-1 所示。

图 3-1　文档属性

二、创建"按钮"元件

（1）按"Ctrl+F8"组合键，弹出"创建新元件"对话框，在"名称"文本框中输入"小照片1"，"类型"下拉列表中选择"按钮"类型，如图 3-2 所示。

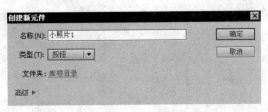

图 3-2　创建新元件

（2）单击"确定"按钮，舞台窗口随即转入该按钮元件的舞台窗口，选中"弹起"帧并按下"F6"键，插入关键帧，选择"选择工具"，将"库"面板中的"小照片 1"拖入舞台窗口，时间轴面板如图 3-3 所示，效果如图 3-4 所示。

图 3-3　时间轴面板

图 3-4　图片效果

（3）使用相同方法创建按钮元件"小照片 2"、"小照片 3"、"小照片 4"、"小照片 5"，库如图 3-5 所示。

（4）使用相同方法创建按钮元件"大照片 1"、"大照片 2"、"大照片 3"、"大照片 4"及"大照片 5"，库如图 3-6 所示。

图 3-5　创建小照片　　　　　　　　　　　　　　图 3-6　创建大照片

三、输入 ActionScript 语言

（1）选中"动作脚本 1"图层的第 1 帧，单击鼠标右键，从弹出的快捷菜单中选择"动作"命令，在"动作-帧"面板中输入如图 3-7 所示的语句。

（2）分别选中"动作脚本 2"图层的第 15 帧、第 28 帧、第 44 帧、第 61 帧及第 75 帧，单击鼠标右键，从弹出的快捷菜单中选择"动作"命令，在"动作-帧"面板中输入，如图 3-8 所示的语句。

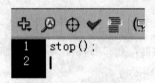

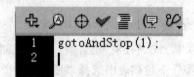

图 3-7　输入脚本语言　　　　　　　　　　　　　图 3-8　输入脚本语言

学习情境练习四

企业门户网站的制作

一、创建新文件

（1）新建 Flash 文档，大小为 800*800 像素，并保存文件，如图 4-1 所示。

（2）选择菜单"窗口|其他面板|场景"，将场景面板中"场景 1"改为"flashmo preloader"，场景面板如图 4-2 所示。

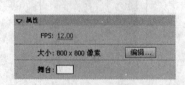

图 4-1　文档属性　　　　　　　　　　　　　　　图 4-2　场景面板

二、制作"主菜单"

（1）创建"按钮"元件，命名为"flashmo click area"，在"点击"帧处绘制无边框矩形，宽 160 像素，高 30 像素，填充色为绿色（#00FF00），效果及时间轴如图 4-3 所示。

（2）创建"影片剪辑"元件，命名为"flashmo button label"，在元件内部创建"传统文本""动态文本"，实例名称为"fm_label"，大小为 15 点。元件效果及时间轴如图 4-4 所示，动态文本属性如图 4-5 所示。

（3）创建"影片剪辑"元件，命名为"flashmo button bg"，将素材文件中的位图"menuBG01"到"menuBG05"按顺序放置在第 1 至 5 和第 6 至 10 帧处，效果及时间轴如图 4-6 所示。

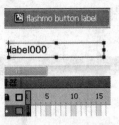

图 4-3　"flashmo click area"效果及时间轴　　图 4-4　"flashmo button label"效果及时间轴

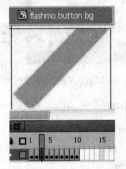

图 4-5　动态文本属性　　　　　　　图 4-6　"flashmo button bg"效果及时间轴

（4）创建"影片剪辑"元件，命名为"flashmo button"，新建三个图层，从上到下依次命名为"button click area"、"button label"、"button bg"，将上述元件分别拖至相应图层并对齐。将所有图层延续至第 8 帧。在"button label"和"button bg"图层的第 8 帧处按"F6"键，并创建传统补间，制作按钮伸展效果，元件效果及时间轴如图 4-7 所示。

图 4-7　"flashmo button bg"效果及时间轴

三、制作卷滚条

（1）创建"影片剪辑"元件，命名为"scroller"，在元件内绘制一个无边框矩形，宽 8 像素，高 130 象素，填充为蓝色（#0066CC），效果及时间轴如图 4-8 所示。

（2）创建"影片剪辑"元件，命名为"ScrollBar"。新建三个图层，从上到下依次命名为"actions"、"scroller"和"scrollable area"。在"scrollable area"图层上绘制一个无边框白色矩形，宽8像素，高260像素，实例名称为"flashmo_scrollable_area"。将元件"scroller"拖入"scroller"图层，并与"scrollable area"图层上的"flashmo_scrollable_area"顶对齐、水平中齐。效果及时间轴如图4-9所示。

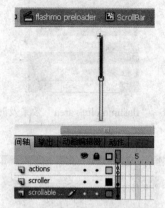

图4-8 "scroller"效果及时间轴   图4-9 "ScrollBar"效果及时间轴

（3）选中图层"actions"，按"F9"键调出动作面板，在"动作-帧"、当前选择为"actions：帧1"的状态下输入如下代码：

```
var sd:Number;
var sr:Number;
var cd:Number;
var cr:Number;
var new_y:Number;
var drag_area:Rectangle;

var flashmo_content:MovieClip;
var flashmo_content_area:MovieClip;
var scrolling_speed:Number; // 0.00 to 1.00

function scrolling( ct:String, ct_area:String, speed:Number ):void
{
    scrolling_speed = speed;
    if( scrolling_speed < 0 || scrolling_speed > 1 ) scrolling_speed = 0.50;

    flashmo_content = parent[ct];
    flashmo_content_area = parent[ct_area];

    flashmo_content.mask = flashmo_content_area;
    flashmo_content.x = flashmo_content_area.x;
    flashmo_content.y = flashmo_content_area.y;

    flashmo_scroller.x = flashmo_scrollable_area.x;
    flashmo_scroller.y = flashmo_scrollable_area.y;

    sr = flashmo_content_area.height / flashmo_content.height;
```

```
flashmo_scroller.height = flashmo_scrollable_area.height * sr;

sd = flashmo_scrollable_area.height - flashmo_scroller.height;
cd = flashmo_content.height - flashmo_content_area.height;
cr = cd / sd * 1.01;

drag_area = new Rectangle(0, 0, 0, flashmo_scrollable_area.height - flashmo_scroller.height);

if ( flashmo_content.height <= flashmo_content_area.height )
{
        flashmo_scroller.visible = flashmo_scrollable_area.visible = false;
}

flashmo_scroller.addEventListener( MouseEvent.MOUSE_DOWN, scroller_drag );
flashmo_scroller.addEventListener( MouseEvent.MOUSE_UP, scroller_drop );
this.addEventListener( Event.ENTER_FRAME, on_scroll );
}
function scroller_drag( me:MouseEvent ):void
{
    me.target.startDrag(false, drag_area);
    stage.addEventListener(MouseEvent.MOUSE_UP, up);
}
function scroller_drop( me:MouseEvent ):void
{
    me.target.stopDrag();
    stage.removeEventListener(MouseEvent.MOUSE_UP, up);
}
function up( me:MouseEvent ):void
{
    flashmo_scroller.stopDrag();
}
function on_scroll( e:Event ):void
{
    new_y = flashmo_content_area.y + flashmo_scrollable_area.y * cr - flashmo_scroller.y    * cr;
    flashmo_content.y += ( new_y - flashmo_content.y ) * scrolling_speed;
}
```

四、制作新闻列表框

（1）创建"影片剪辑"元件，命名为"flashmo mask"。在元件中绘制一个无边框矩形，宽 240 像素，高 320 像素，颜色为蓝色（#006699），如图 4-10 所示。在矩形左上角输入文字"Flash XML 新闻列表"，效果如图 4-11 所示。

（2）创建"影片剪辑"元件，命名为"flashmo list"。新建四个图层，依次命名为"actions"、"title"、"scrollbar"和"mask"。在"title"图层中输入文字"新闻"。将元件"ScrollBar"拖曳到"scrollbar"图层，并将其实例名称命名为"flashmo_sb"。将元件"flashmo mask"拖曳到"mask"图层，并将其实例名称命名为"flashmo_mask"。三者在元件"flashmo list"中的位置如图 4-12 所示，时间轴如图 4-13 所示。

图 4-10　新闻列表背景

图 4-11　新闻列表标题

图 4-12　新闻列表内各元件的位置

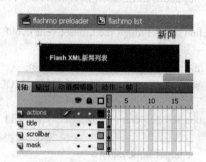

图 4-13　新闻列表元件的时间轴

（3）选中图层"actions"，按"F9"键调出动作面板，在"动作-帧"、当前选择为"actions：帧1"的状态下输入如下代码：

```
var flashmo_item_list = new Array();
var flashmo_item_group:MovieClip = new MovieClip();

var item_width:Number = flashmo_mask.width;
var item_height:Number = 0;
var item_spacing:Number = 10;
var item_padding:Number = 5;

var i:Number;
var total:Number;
var flashmo_xml:XML = new XML();
var xml_loader:URLLoader = new URLLoader();
xml_loader.load(new URLRequest("flashmo_143_news_list.xml"));
xml_loader.addEventListener(Event.COMPLETE, push_array);

function push_array(e:Event):void
{
    flashmo_xml = XML(e.target.data);
    total = flashmo_xml.item.length();
```

```
    for( i = 0; i < total; i++ )
    {
        flashmo_item_list.push( {
            title: flashmo_xml.item[i].title.toString(),
            url: flashmo_xml.item[i].url.toString(),
            target: flashmo_xml.item[i].target.toString(),
            description: flashmo_xml.item[i].description.toString()
        } );
    }
    create_item_list();
}

function create_item_list():void
{
    for( i = 0; i < total; i++ )
    {
        var flashmo_item = new MovieClip();

        flashmo_item.addChild( create_item_title( flashmo_item_list[i].title ) );
        flashmo_item.addChild( create_item_desc( flashmo_item_list[i].description ) );
        flashmo_item.addChildAt( create_item_button( flashmo_item.height, i ), 0 );
        flashmo_item.addChildAt( create_item_bg( flashmo_item.height ), 0 );

        flashmo_item.y = item_height;
        item_height += flashmo_item.height + item_spacing;

        flashmo_item_group.addChild( flashmo_item );
    }

    this.addChild( flashmo_item_group );
    flashmo_mask.width = item_width;
    flashmo_item_group.mask = flashmo_mask;

    flashmo_sb.scrolling("flashmo_item_group", "flashmo_mask", 0.25);        // ScrollBar Added
}

function create_item_button( h:Number, item_no:Number )
{
    var fm_button = new flashmo_news_button();

    fm_button.x = item_padding;
    fm_button.y = h + item_padding * 2;
    fm_button.name = "flashmo_" + item_no;
    fm_button.addEventListener( MouseEvent.CLICK, goto_URL );

    return fm_button;
}

function goto_URL(me:MouseEvent)
```

```
    {
        var url_button:SimpleButton = me.target as SimpleButton;
        var no:Number = parseInt( url_button.name.slice(8,10) );
        navigateToURL( new URLRequest( flashmo_item_list[no].url ), flashmo_item_list[no].target );
    }

    function create_item_bg( h:Number )
    {
        var fm_rect:Shape = new Shape();

        fm_rect.graphics.beginFill(0xFFFFFF, 0.2);
        fm_rect.graphics.drawRoundRect(0, 0, item_width, h + item_padding * 2, 10);
        fm_rect.graphics.endFill();

        return fm_rect;
    }

    function create_item_title( item_title:String )
    {
        var fm_text = new TextField();

        fm_text.defaultTextFormat = fm_title_format;
        fm_text.x = fm_text.y = item_padding;
        fm_text.width = item_width - item_padding * 2;
        fm_text.text = item_title;
        fm_text.selectable = false;
        fm_text.autoSize = TextFieldAutoSize.LEFT;

        return fm_text;
    }

    function create_item_desc( item_desc:String )
    {
        var fm_text = new TextField();

        fm_text.defaultTextFormat = fm_desc_format;
        fm_text.x = item_padding;
        fm_text.y = 25 + item_padding;
        fm_text.width = item_width - item_padding * 2;
        fm_text.text = item_desc;
        fm_text.multiline = true;
        fm_text.wordWrap = true;
        fm_text.selectable = false;
        fm_text.autoSize = TextFieldAutoSize.LEFT;

        return fm_text;
    }

    var fm_title_format:TextFormat = new TextFormat();
    fm_title_format.font = "Tahoma";
```

```
fm_title_format.color = 0x006699;        // TITLE TEXT COLOR
fm_title_format.size = 13;
fm_title_format.bold = true;

var fm_desc_format:TextFormat = new TextFormat();
fm_desc_format.font = "Tahoma";
fm_desc_format.color = 0x000000;        // DESCRIPTION TEXT COLOR
fm_desc_format.size = 11;
fm_desc_format.align = TextFormatAlign.JUSTIFY;
fm_desc_format.leading = 2;
```

五、制作交互表单

（1）创建"按钮"元件，命名为"flashmo contact button"。在元件"弹起"帧上绘制一个有边框矩形，宽 52 像素，高 26 像素，笔触颜色为深蓝（#006699），填充颜色为浅蓝（#A8DFFB）。在"指针经过"帧和"弹起"帧上分别按"F6"键插入关键帧，并将"指针经过"帧上矩形的填充颜色改为浅蓝（#76D1F8）。效果如图 4-14 所示。

（2）创建"影片剪辑"元件，命名为"flashmo contact form"。新建五个图层，从上到下依次命名为"actions"、"label"、"button"、"textfield"和"textfield bg"。时间轴如图 4-15 所示。

图 4-14　按钮元件效果及时间轴

图 4-15　"flashmo contact form"的时间轴

（3）"label"图层为文字图层，内容与位置如图 4-16 所示；"button"图层为按钮图层，分别在文字"发送"和"重置"下方放置按钮元件"flashmo contact button"，效果如图 4-17 所示。

图 4-16　"label"图层上的内容

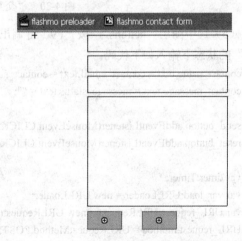

图 4-17　"button"图层上的内容

（4）"textfield"图层是动态文本图层，如图 4-18 所示，四个动态文本的实例名称分别为"contact_name"、"contact_email"、"contact_subject"和"contact_message"。"textfield bg"图层是

文体背景图层，内容为四个无填充矩形，隐藏"textfield"图层后的效果如图 4-19 所示。整体效果如图 4-20 所示

图 4-18　"textfield"图层上的内容　　　　图 4-19　"textfield bg"图层上的内容

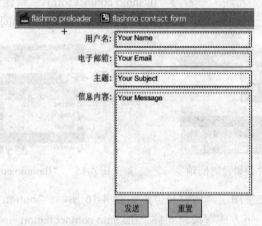

图 4-20　"交互表单"整体效果

（5）选中图层"actions"，按"F9"键调出动作面板，在"动作-帧"、当前选择为"actions：帧 1"的状态下输入如下代码：

```
contact_name.text = contact_email.text = contact_subject.text =
contact_message.text = message_status.text = "";

send_button.addEventListener(MouseEvent.CLICK, submit);
reset_button.addEventListener(MouseEvent.CLICK, reset);

var timer:Timer;
var var_load:URLLoader = new URLLoader;
var URL_request:URLRequest = new URLRequest( "send_email.php" );
URL_request.method = URLRequestMethod.POST;

function submit(e:MouseEvent):void
{
    if( contact_name.text == "" || contact_email.text == "" ||
```

```
        contact_subject.text == "" || contact_message.text == "" )
    {
        message_status.text = "Please fill up all text fields.";
    }
    else if( !validate_email(contact_email.text) )
    {
        message_status.text = "Please enter the valid email address.";
    }
    else
    {
        message_status.text = "sending...";

        var email_data:String = "name=" + contact_name.text
                        + "&email=" + contact_email.text
                        + "&subject=" + contact_subject.text
                        + "&message=" + contact_message.text;

        var URL_vars:URLVariables = new URLVariables(email_data);
        URL_vars.dataFormat = URLLoaderDataFormat.TEXT;

        URL_request.data = URL_vars;
        var_load.load( URL_request );
        var_load.addEventListener(Event.COMPLETE, receive_response );
    }
}

function reset(e:MouseEvent):void
{
    contact_name.text = contact_email.text = contact_subject.text =
    contact_message.text = message_status.text = "";
}

function validate_email(s:String):Boolean
{
    var p:RegExp = /(\w|[_.\-])+@((\w|-)+\.)+\w{2,4}+/;
    var r:Object = p.exec(s);
    if( r == null )
    {
        return false;
    }
    return true;
}

function receive_response(e:Event):void
{
    var loader:URLLoader = URLLoader(e.target);
```

```
var email_status = new URLVariables(loader.data).success;

if( email_status == "yes" )
{
    message_status.text = "Success! Your message was sent.";
    timer = new Timer(500);
    timer.addEventListener(TimerEvent.TIMER, on_timer);
    timer.start();
}
else
{
    message_status.text = "Failed! Your message cannot sent.";
}
}

function on_timer(te:TimerEvent):void
{
    if( timer.currentCount >= 10 )
    {
        contact_name.text = contact_email.text = contact_subject.text =
        contact_message.text = message_status.text = "";
        timer.removeEventListener(TimerEvent.TIMER, on_timer);
    }
}
```

六、制作其他页面剪辑

（1）创建"影片剪辑"元件，命名为"page titles"。元件内部 6 个关键帧上的内容分别为静态文本"欢迎进入本站"、"我们的服务"、"我们的客户"、"链接到 Flashmo.com"、"关于我们"和"联系信息"。元件效果如图 4-21 所示。

（2）创建"影片剪辑"元件，命名为"page mask"。在元件内部绘制一个无边框矩形，宽 360 像素，高 330 像素，填充为蓝色（#67C2FE），效果及时间轴如图 4-22 所示。

图 4-21　"page titles"第 3 帧的内容及时间轴

图 4-22　"page mask"元件内容及时间轴

（3）创建"影片剪辑"元件，命名为"page 2"。元件内容如图 4-23 所示。

（4）创建"影片剪辑"元件，命名为"page 5"。元件内容如图 4-24 所示。

图 4-23 "page 2"元件内容及时间轴

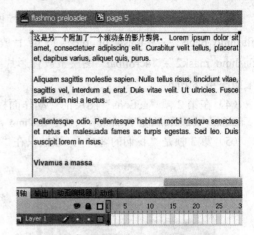

图 4-24 "page 5"元件内容及时间轴

（5）创建"影片剪辑"元件，命名为"preloader bar"。在元件内部创建一个无边框矩形，宽 400 像素，高 4 像素，填充色为灰色（#888888）。效果如图 4-25 所示。

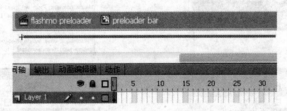

图 4-25 "preloader bar"元件内容及时间轴

七、制作主页容器

（1）创建"影片剪辑"元件，命名为"page contents"。新建 4 个图层，从上到下依次命名为 "actions"、"text"、"mask or pic"和"scrollbar"。元件中包含网站的 6 个页面，即每个图层都有 6 个关键帧。"page contents"元件最终的时间轴如图 4-26 所示。

（2）第 1 帧是"网站首页"，"text"图层上放置文字，"mask or pic"图层上放置图片，效果 如图 4-27 所示。

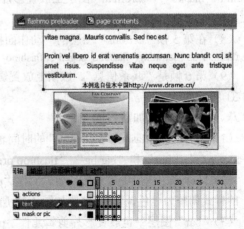

图 4-26 "page contents"元件最终的时间轴　　　　图 4-27 网站首页内容

（3）第 2 帧是"我们的服务"，"text"图层上放置影片剪辑元件"page2"，实例名称为"flashmo_page2"；"mask or pic"图层上放置影片剪辑元件"page mask"，实例名称为"flashmo_mask2"；"scrollbar"图层上放置影片剪辑元件"ScrollBar"，实例名称为"flashmo_sb2"，效果如图 4-28 所示。

（4）在第 2 帧"actions"图层的"动作面板"中加入如下代码：

```
flashmo_sb2.scrolling("flashmo_page2", "flashmo_mask2", 0.3);
```

（5）第 3 帧是"我们的客户"，该帧只在"text"图层上有一段文字，效果如图 4-29 所示。

图 4-28　"我们的服务"页面内容

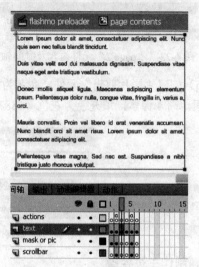

图 4-29　"我们的客户"页面内容

（6）第 4 帧是外部链接，该帧不添加任何内容。

（7）第 5 帧是"关于我们"，"text"图层上放置影片剪辑元件"page5"，实例名称为"flashmo_page5"；"mask or pic"图层上放置影片剪辑元件"page mask"，实例名称为"flashmo_mask5"；"scrollbar"图层上放置影片剪辑元件"ScrollBar"，实例名称为"flashmo_sb5"，效果如图 4-30 所示。

（8）在第 5 帧"actions"图层的"动作面板"中加入如入代码：

```
flashmo_sb5.scrolling("flashmo_page5", "flashmo_mask5", 0.2);
```

（9）第 6 帧是"联系信息"，该帧上放置影片剪辑元件"flashmo contact form"即可。效果如图 4-31 所示。

八、制作主场景加载界面

（1）在主场景"flashmo preloader"的时间轴上新建四个图层，从上到下依次命名为"actions"、"loader info"、"bar"和"bar bg"。"flashmo preloader"场景时间轴如图 4-32 所示

（2）"bar bg"图层中放置影片剪辑元件"preloader bar"，实例名称为"fm_bar_bg"，"色彩效果"的样式调整为"色调"，调整值如图 4-33 所示。

（3）"bar"图层中也放置影片剪辑元件"preloader bar"，实例名称为"fm_bar"，将宽调整为200 像素，与实例"fm_bar_bg"左对齐放置在场景中。"loader info"图层中写入动态文本"加载中"，

实例名称为"loader_info"。整体效果如图 4-34 所示。

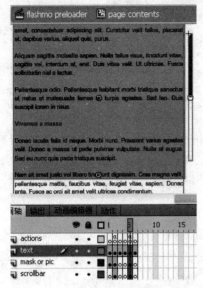

图 4-30　"关于我们"页面内容　　　　　　图 4-31　"联系信息"页面内容

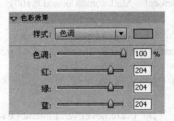

图 4-32　"flashmo preloader"场景时间轴　　图 4-33　"色彩效果"的样式及调整值

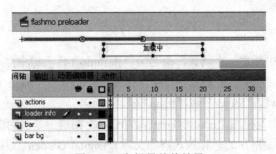

图 4-34　主场景整体效果

（4）在主场景"actions"图层的"动作面板"中加入如下代码：

```
stop();
import flash.net.URLRequest;
import flash.ui.ContextMenu;

var fm_menu:ContextMenu = new ContextMenu();
var copyright:ContextMenuItem = new ContextMenuItem( "Copyright © drame.cn" );
var credit:ContextMenuItem = new ContextMenuItem( "Free Flash Templates" );
```

```
copyright.addEventListener( ContextMenuEvent.MENU_ITEM_SELECT, visit_flashmo );
credit.addEventListener( ContextMenuEvent.MENU_ITEM_SELECT, visit_flashmo );
credit.separatorBefore = false;

fm_menu.hideBuiltInItems();
fm_menu.customItems.push(copyright, credit);
this.contextMenu = fm_menu;

function visit_flashmo(e:Event)
{
    var flashmo_link:URLRequest = new URLRequest( "http://www.drame.cn" );
    navigateToURL( flashmo_link, "_parent" );
}


var loaded:Number;
var percent:Number;
fm_bar.addEventListener( Event.ENTER_FRAME, load_progress );

function load_progress(e:Event):void
{
    loaded = stage.loaderInfo.bytesLoaded / stage.loaderInfo.bytesTotal;
    percent = Math.round(loaded * 100);

    fm_bar.scaleX = loaded;
    loader_info.text = "Loading... " + percent + "%";

    if( percent == 100 )
    {
        fm_bar.removeEventListener( Event.ENTER_FRAME, load_progress );
        play();
    }
}
```

开场动画的制作:

1) 在"场景"面板中新建一个场景,命名为"flashmo 145 garden"。"flashmo 145 garden"场景的整体效果如图 4-35 所示。七个图层名称分别为"actions"、"page contents"、"page titles"、"menu + news"、"header"、"footer"和"main bg"。

2) "main bg"图层上是位图"mainBG.jpg","footer"图层上是页面底部的版权说明。

3) "header"图层上是网站的总标题,静态文本"Digital Garden",字体为"Trebuchet MS",样式为"Bold Italic",大小为 42 点,颜色为蓝色(#0099FF)。滤镜效果设置如图 4-36 所示。

4) "menu + news"图层,在第 1 帧的左上角放置影片剪辑元件"flashmo button",实例名称为"fm_button",位置如图 4-37 所示;在第 5 帧的右下角放置影片剪辑元件"flashmo list",实例名称为"flashmo_list",位置如图 4-38 所示;

5) "page titles"图层,在第 15 帧的左下方放置影片剪辑元件"page titles",实例名称为"flashmo_titles",第 25 帧、45 帧、55 帧处分别按"F6"键插入关键帧,并为每两帧之间都创建"传统补间"。第 15 帧上实例的属性值如图 4-39 所示,第 25 帧上实例的属性值如图 4-40 所示,第 45 帧上实例的属性值如图 4-41 所示,第 55 帧上实例的属性值如图 4-42 所示。

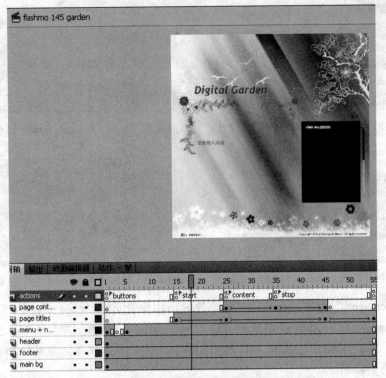

图 4-35　"flashmo 145 garden" 场景的整体效果

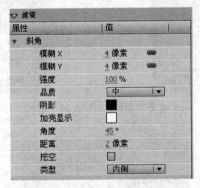

图 4-36　"header" 的滤镜效果

图 4-37　"fm_button" 的位置

图 4-38　"flashmo_list" 的位置

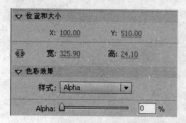

图 4-39 实例"flashmo_titles"15 帧上的属性　　图 4-40 实例"flashmo_titles"25 帧上的属性

图 4-41 实例"flashmo_titles"45 帧上的属性　　图 4-42 实例"flashmo_titles"55 帧上的属性

6)"page contents"图层，在第 25 帧处放置影片剪辑元件"page contents"，实例名称为"flashmo_contents"，在第 35 帧和 45 帧处分别按"F6"键插入关键帧，并为每两帧之间都创建"传统补间"。第 25 帧处实例的属性如图 4-43 所示，第 35 帧处实例的属性如图 4-44 所示，第 45 帧处实例的属性如图 4-45 所示。

图 4-43 实例"flashmo_contents"25 帧上的属性　　图 4-44 实例"flashmo_contents"35 帧上的属性

图 4-45 实例　"flashmo_contents"45 帧上的属性

7)"actions"图层，第 1 帧的帧标签为"buttons"，该帧上输入如下代码：

```
fm_button.visible = false;
var menu_label:Array = new Array("Homepage", "Services",
                                 "Clients", "Templates|http://www.drame.cn",
                                 "Company", "Contact Us");
var total:Number = menu_label.length;
var spacing:Number = 64;
```

```
var i:Number = 0;
var page:Number;
var main_menu:MovieClip = new MovieClip();
stage.addChild(main_menu);

for( i = 0; i < total; i++ )
{
    var btn = new flashmo_button();
    btn.name = "btn" + i;
    btn.x = fm_button.x + spacing * i;
    btn.y = fm_button.y;
    btn.flashmo_button_bg.gotoAndStop( i + 1 );
    btn.item_no = i;
    btn.addEventListener( Event.ENTER_FRAME, btn_enter );

    var each_substring:Array = menu_label[i].split("|");
    btn.flashmo_button_label.fm_label.text = each_substring[0];
    btn.item_url = each_substring[1];
    main_menu.addChild(btn);
}

function btn_over(e:MouseEvent):void
{
    e.target.parent.over = true;
}

function btn_out(e:MouseEvent):void
{
    e.target.parent.over = false;
}

function btn_click(e:MouseEvent):void
{
    var mc = e.target.parent;
    if( mc.item_url != undefined )
        navigateToURL( new URLRequest( mc.item_url ), "_parent" );
    else
        change_page(mc.item_no);
}

function btn_enter(e:Event):void
{
    var mc = e.target;
    if( mc.over == true )
        mc.nextFrame();
    else
```

```
            mc.prevFrame();
    }

function change_page(no:Number):void
{
    for( var i:Number = 0; i < main_menu.numChildren; i++ )
    {
        var mc = MovieClip( main_menu.getChildAt(i) );
        mc.over = false;
        mc.flashmo_click_area.visible = true;
        mc.flashmo_click_area.addEventListener( MouseEvent.ROLL_OVER, btn_over );
        mc.flashmo_click_area.addEventListener( MouseEvent.ROLL_OUT, btn_out );
        mc.flashmo_click_area.addEventListener( MouseEvent.CLICK, btn_click );
    }
    var mc_selected = MovieClip( main_menu.getChildAt(no) );
    mc_selected.over = true;
    mc_selected.flashmo_click_area.visible = false;
    mc_selected.flashmo_click_area.removeEventListener( MouseEvent.ROLL_OVER, btn_over );
    mc_selected.flashmo_click_area.removeEventListener( MouseEvent.ROLL_OUT, btn_out );
    mc_selected.flashmo_click_area.removeEventListener( MouseEvent.CLICK, btn_click );

    page = no + 1;
    play();
}

change_page(0);        // default page on load

flashmo_credit.addEventListener( MouseEvent.CLICK, credit_link );

function credit_link(e:MouseEvent):void
{
    navigateToURL( new URLRequest( "http://www.drame.cn" ), "_parent" );
}
```

8）"actions"图层，第 15 帧的帧标签为"start"，该帧上输入如下代码：
```
flashmo_titles.gotoAndStop( page );
```
9）"actions"图层，第 25 帧的帧标签为"content"，该帧上输入如下代码：
```
flashmo_contents.gotoAndStop( page );
```
10）"actions"图层，第 35 帧的帧标签为"stop"，该帧上输入如下代码：
```
stop();
flashmo_contents.gotoAndStop( page );
flashmo_titles.gotoAndStop( page );
```
11）"actions"图层，第 55 帧上输入如下代码：
```
gotoAndPlay("start");
```

九、发布网站

按"Ctrl+Shift+F12"组合键，打开"发布设置"对话框，如图 4-46 所示。勾选"Flash(.swf)"和"HTML 包装器"复选项，单击"发布"按钮完成网站发布。网站首页效果如图 4-47 所示。

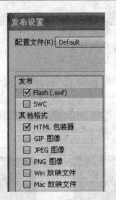

图 4-46　"发布设置"对话框

图 4-47　网站首页效果

学习情境练习五

洋娃娃和小熊跳舞扩展的制作

（1）打开"学习情境 5|素材|儿童歌曲 MV 制作|洋娃娃和小熊跳舞.fla"文件。

（2）将打开文件中的图层"镜头 7"删除。

（3）新建 4 个图层："镜头 7-花"、"镜头 7-孔雀"、"镜头 7-小马"和"镜头 7-风车"。如图 5-1 所示。

（4）在图层"镜头 7-花"的第 850 帧处插入关键帧，将图形元件"花"拖入到舞台，放在合适的位置，在 1274 帧处结束，如图 5-2 所示。

镜头 7-花		
镜头 7—孔雀		
镜头 7—小马		
镜头 7—风车		

图 5-1　新建图层

（5）在图层"镜头 7-孔雀"的第 850 帧处插入关键帧，将影片剪辑元件"孔雀动"拖入到舞台，作变形→水平翻转，并调整大小，放在合适的位置，在 1274 帧处结束，如图 5-3 所示。

图 5-2　图形元件"花"的位置　　　　图 5-3　影片剪辑元件"孔雀动"的位置

（6）在图层"镜头 7-小马"的第 850 帧处插入关键帧，将影片剪辑元件"小马动"拖入到舞台，并调整大小放在合适的位置，在 1274 帧处结束。

（7）在图层"镜头 7-风车"的第 850 帧处插入关键帧，将影片剪辑元件"风车动"拖入到舞台，并调整大小放在合适的位置，在 1274 帧处结束。

图 5-4　影片剪辑元件"小马动"的位置　　　图 5-5　影片剪辑元件"风车动"的位置

学习情境练习六

6.1　数学题课件的制作

一、制作数学题课件的界面

（1）新建一个版本为 ActionScript 2.0 的 Flash 文档，设置文件的大小为 500*600 像素，背景色为白色，保存为"数学题课件.fla"。

（2）单击文本工具，设置字体、颜色和大小，输入试卷的题头为"XXX 小学数学考试卷"。

（3）新建图层 2，使用"文本工具"设置字体、颜色和大小，输入问题及答案选项，课件的界面效果如图 6-1 所示。

XXX小学数学考试卷

1.4+5的结果是( )

A.6　　　B.7　　　C.8　　　D.9

2.3+2的结果是( )

A.3　　　B.4　　　C.5　　　D.6

3.1+6+5的结果是( )

A.0　　　B.1　　　C.11　　　D.12

图 6-1　课件的界面效果图

二、制作数学题课件中的按钮元件

（1）单击"插入｜新建元件"或按"Ctrl+F8"组合键创建新元件，名称为"选项"，类型为"按钮"，然后单击"确定"按钮开始编辑该元件。

（2）单击"矩形工具"，设置笔触为"无"，填充颜色为"任意"，在舞台上绘制矩形；右击"点击"，选择"插入帧"，选中矩形并将其填充颜色 Alpha 值调为"0"，"选项"元件的效果如图 6-2 所示。

（3）新建按钮类型元件，名称为"提交"。单击"矩形工具"，设置笔触颜色为"黑色"，填充颜色为"任意"，在舞台上绘制矩形；右击"点击"，选择"插入帧"，将填充颜色的 Alpha 值调整为 7%；在"指针经过"和"按下"两处分别插入关键帧，并调整填充颜色的 Alpha 值分别为 24% 和 5%。效果分别如图 6-3～图 6-5 所示，然后单击返回场景。

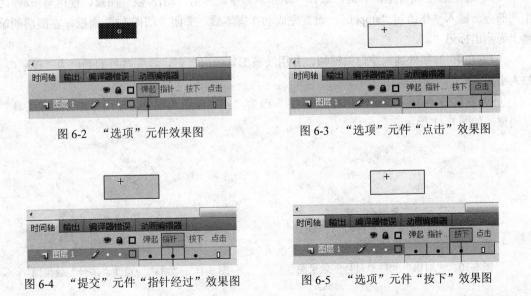

图 6-2　"选项"元件效果图　　　　　　图 6-3　"选项"元件"点击"效果图

图 6-4　"提交"元件"指针经过"效果图　　　图 6-5　"选项"元件"按下"效果图

三、制作数学题课件中的影片剪辑元件

（1）新建影片剪辑元件，名称为"答案"。

（2）选中图层的第 1 帧，选择"动作"命令，弹出"动作-帧"面板，在面板的左上方将脚本语言版本设置为"ActionScript 1.0&2.0"，单击"将新项目添加到脚本中"按钮，在弹出的菜单中选择"全局函数｜时间轴控制｜stop"命令，在脚本窗口中显示出选择的脚本语言；设置完成动作脚本后，关闭"动作-帧"面板，在图层的第 1 帧上显示出标记"a"。

（3）在第 2 帧插入空白关键帧，使用"文本工具"设置字体颜色为"黑色"，输入"A"，适当调整字体及字号大小，效果如图 6-6 所示。

（4）在第 5 帧处单击右键选择"插入帧"，同时选中 2～5 帧并将其转换为关键帧；逐帧修改 3、4、5 帧的内容分别为 B、C、D，具体效果如图 6-7～图 6-9 所示。

图 6-6 "答案"元件第 2 帧效果图

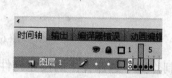

图 6-7 "答案"元件第 3 帧效果图

图 6-8 "答案"元件第 4 帧效果图

图 6-9 "答案"元件第 5 帧效果图

（5）新建一个影片剪辑元件，名称为"对错"。

（6）选中第 1 帧并单击右键，选择"动作"命令，弹出"动作-帧"面板，使用与步骤（2）相同的方法输入动作语句"stop();"，设置完成动作脚本后，关闭"动作-帧"面板，在图层的第 1 帧上显示出标记"a"。

（7）在第 2 帧处插入空白关键帧，并用线条工具画出"√"，设置对号的颜色为"红色"，笔触大小为"1.5"，如图 6-10 所示。

（8）在第 3 帧插入关键帧，然后将"√"改为"×"，颜色为红色，使用"部分选取工具"进行调整，如图 6-11 所示。

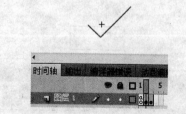

图 6-10 "对错"元件"对号"效果图

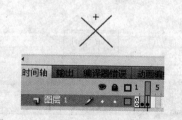

图 6-11 "对错"元件"错号"效果图

四、各类元件的放置

（1）新建图层 3，选中第 1 帧，单击右键选择"动作"命令，弹出"动作-帧"面板，在面板的左上方将脚本语言版本设置为"ActionScript 1.0&2.0"，单击"将新项目添加到脚本中"按钮，在弹出的菜单中选择"全局函数｜时间轴控制｜stop"命令，在脚本窗口中显示出选择的脚本语言；设置完成动作脚本后，关闭"动作-帧"面板，在图层 3 的第 1 帧上显示出标记"a"。

（2）新建图层 4 并重命名为"答案对错"，打开"库"面板，将"库"面板中的"答案"和"对错"元件分别拖放至三道题目的右侧，效果如图 6-12 所示。

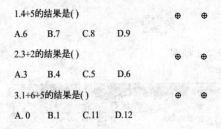

图 6-12　　"答案"元件和"对错"元件效果图

（3）新建图层 5，重命名为"选项"，将库面板中的"选项"元件拖放到三道题目的 12 个选项上，效果如图 6-13 所示。

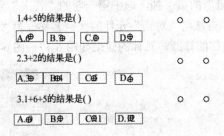

图 6-13　　"选项"元件效果图

（4）新建图层 6，重命名为"提交"，拖动"提交"按钮，并在其上输入文字内容"提交"，字体颜色为黑色。

（5）在图层 1、图层 2 和图层 5 的第 2 帧分别插入帧，在图层 3、图层 4 和图层 6 的第 2 帧分别插入关键帧，并将图层 6 第 2 帧的文字"提交"修改为"返回"，表示单击"提交"按钮后，按钮上的字幕变为"返回"。

（6）新建图层 7，重命名为"显示成绩"，第 1 帧为空，在第 2 帧插入空白关键帧，选择"文本工具"类型为"动态文本"，实例名称为"mc"，变量名称为"cj"，字体颜色为"红色"。此时场景及图层时间轴的效果如图 6-14～图 6-16 所示。

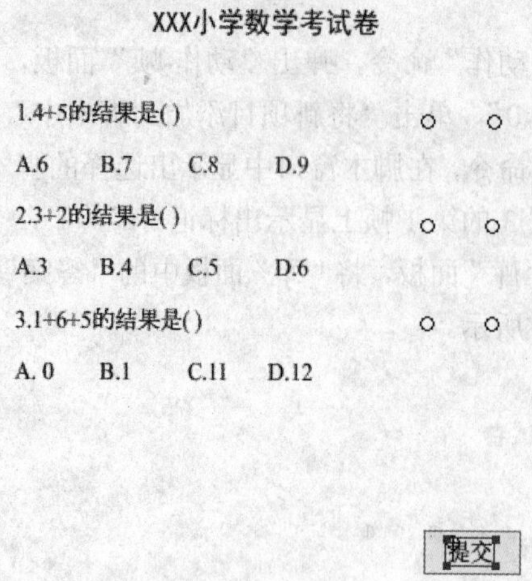

XXX小学数学考试卷

1.4+5的结果是( )　　　　　　　　　　○　　○

A.6　　B.7　　C.8　　D.9

2.3+2的结果是( )　　　　　　　　　　○　　○

A.3　　B.4　　C.5　　D.6

3.1+6+5的结果是( )　　　　　　　　　○　　○

A.0　　B.1　　C.11　　D.12

提交

图 6-14　选择题试卷第 1 帧图

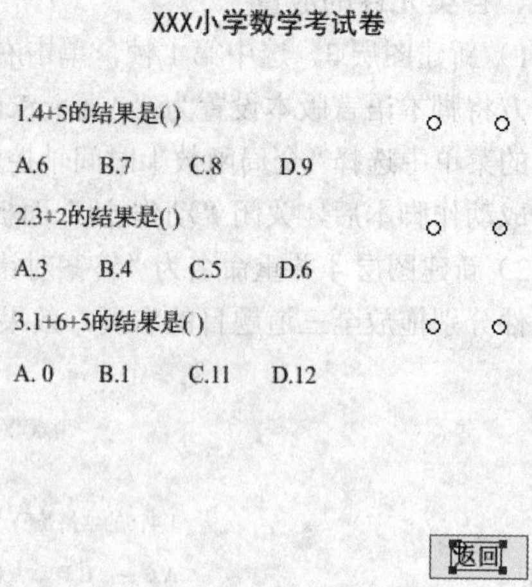

XXX小学数学考试卷

1.4+5的结果是( )　　　　　　　　　　○　　○

A.6　　B.7　　C.8　　D.9

2.3+2的结果是( )　　　　　　　　　　○　　○

A.3　　B.4　　C.5　　D.6

3.1+6+5的结果是( )　　　　　　　　　○　　○

A.0　　B.1　　C.11　　D.12

返回

图 6-15　选择题试卷第 2 帧图

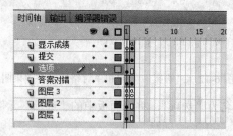

图 6-16　选择题试卷时间轴图

五、ActionScript 语句编程

（1）选中图层"答案对错"的第 1 帧，选中第一题的"答案"元件，打开"属性"面板，将实例名称改为"t1"，用同样的方法将"对错"元件的实例名称改为"d1"。需要注意的是，答案对错图层的两帧都要进行实例名称的修改，具体的效果如图 6-17～图 6-20 所示。

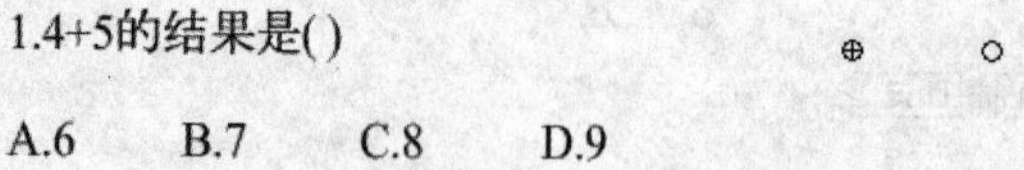

1.4+5的结果是( )　　　　　　　⊕　　　○

A.6　　　B.7　　　C.8　　　D.9

图 6-17　选中"答案"元件图

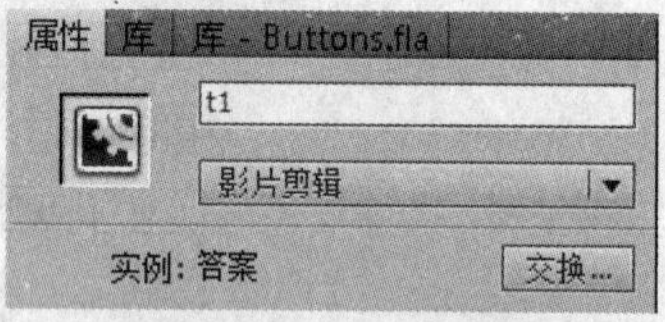

图 6-18　元件 t1 图

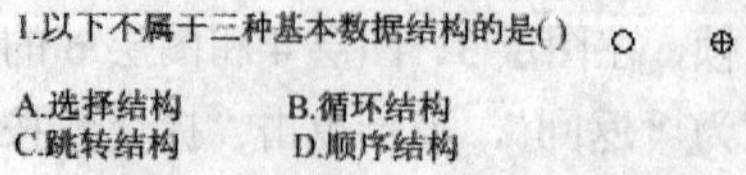

1.以下不属于三种基本数据结构的是( )　○　⊕

A.选择结构　　　B.循环结构
C.跳转结构　　　D.顺序结构

图 6-19　选中"对错"元件图

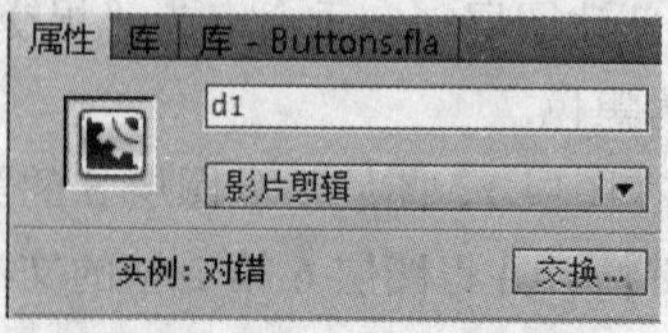

图 6-20　元件 d1 图

（2）选中 A 选项的按钮元件并单击右键，选择"动作"命令，弹出"动作-按钮"面板，在面板的左上方将脚本语言版本设置为"ActionScript 1.0&2.0"，单击"将新项目添加到脚本中"按

钮，在弹出的菜单中选择"全局函数｜影片剪辑控制｜on(release)"命令，在脚本窗口中显示出选择的脚本语言，编写脚本，如图 6-21 所示。设置完成动作脚本后，关闭"动作-按钮"面板。对 B、C、D 选项进行同样的操作，更改 gotoAndStop()函数中的参数：B 选项为 3，C 选项为 4，D 选项为 5；表示当学生单击"答案"按钮并提交后，在原题目上显示答案。

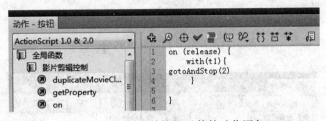

图 6-21　答案 A 的按钮元件的动作语句

（3）单击"提交"按钮，注意此时单击的一定是按钮，而不是文本；选择"动作"命令，弹出"动作-按钮"面板，使用同样的方法编写动作脚本内容，如图 6-22 所示。设置完成动作脚本后，关闭"动作-按钮"面板。表示当学生单击"提交"按钮后，按纽上的字幕变为"返回"。

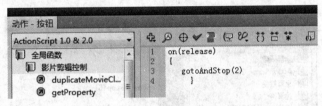

图 6-22　"提交"按钮元件的动作语句

（4）分别在四个选项上单击右键选择"动作"命令，弹出"动作-按钮"面板，添加动作语句，在选项 A、B、C 第二行添加语句"da=0"，表示该答案是错误的；在选项 D 的第二行中添加语句"da=1"，表示该答案是正确的；代码语句如图 6-23～图 6-26 所示。

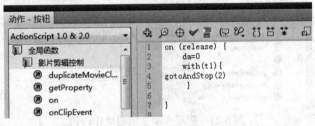

图 6-23　添加答案 A 按钮元件的动作语句

（5）选中图层 3 的第 2 帧，按"F7"键，在该帧上插入空白关键帧，单击右键选择"动作"命令，弹出"动作-帧"面板，在面板的左上方将脚本语言版本设置为"ActionScript 1.0&2.0"。单击"将新项目添加到脚本中"按钮，在弹出的菜单中选择"语句｜条件/循环｜if"命令，在脚本窗口中显示出选择的脚本语言，编写脚本，如图 6-27 所示。设置完成动作脚本后，关闭"动作-帧"面板，在图层 3 的第 2 帧上显示出标记"a"；该语句表示如果 da==1（即答案正确）就显示对号，反之显示错号。

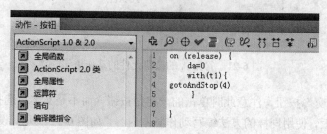

图 6-24　答案 B 按钮元件的动作语句

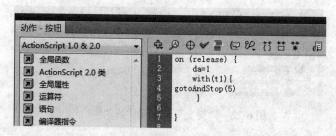

图 6-25　答案 C 按钮元件的动作语句

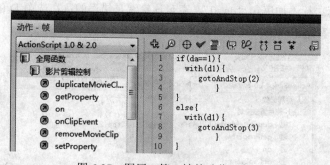

图 6-26　答案 D 按钮元件的动作语句

动作 - 帧

```
if(da==1){
    with(d1){
        gotoAndStop(2)
    }
}
else{
    with(d1){
        gotoAndStop(3)
    }
}
```

图 6-27　图层 3 第 2 帧的动作语句

（6）但是此时电子试卷只能提交一次，"提交"按钮就会一直显示"返回"的字样；单击"提交图层"第 2 帧的按钮元件，选择"动作"命令，打开"动作-按钮"面板，编写脚本解决该问题，如图 6-28 所示。设置完成动作脚本后，关闭"动作-按钮"面板。但是此时之前选择的答案和对错都没有消掉，因此要继续添加代码。

（7）在上面动作语句的第二行添加如图 6-29 所示的动作语句。

（8）第二道题和第三题的做法与第一题相同，首先命名元件分别为 t2、d2、t3、d3，然后复制动作语句，将 da 改为"db"、"dc"；需要注意的是，第二道的正确答案是 C，因此在答案 C 的

"选项"元件语句中，db 的值是 1，其他三项 db 的值均为 0；第三道题的正确答案是 D，因此在答案 D 的"选项"元件语句中，dc 的值是 1，其他三项 dc 的值均为 0。

图 6-28　"返回"按钮元件的动作语句

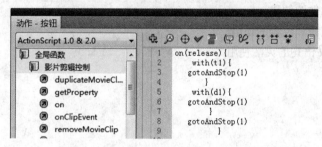

图 6-29　"添加"返回按钮元件的动作语句

（9）接着是成绩的显示，在"显示成绩"图层的第 2 帧插入空白关键帧，选中该帧并单击右键，选择"动作"命令，添加动作语句代码，如图 6-30 所示。设置完成动作脚本后，关闭"动作-帧"面板。

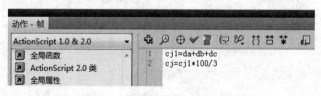

图 6-30　成绩图层第 2 帧的语句

（10）新建图层并重命名为"成绩"，在"成绩"图层的第 2 帧按"F7"键插入空白关键帧，单击"文本工具"，在动态文本的旁边使用静态文本输入：成绩　　　　分，中间的空白部分用于显示动态变化的分数，效果如图 6-31 所示。

XXX小学数学考试卷

1.4+5的结果是(　)　　　　　　　○　　○

A.6　　B.7　　C.8　　D.9

2.3+2的结果是(　)　　　　　　　○　　○

A.3　　B.4　　C.5　　D.6

3.1+6+5的结果是(　)　　　　　○　　○

A.0　　B.1　　C.11　　D.12

成绩为　　　　　分

图 6-31　成绩图层效果图

（11）保存实例，按"Ctrl+Enter"组合键测试。

6.2 拓展能力训练项目——古代诗词课件

一、项目任务

设计制作一个古代诗词课件，内容自定。

二、客户要求

以唐诗三百首为主要范围，设计一个 550*400 像素的多媒体课件，以颂扬古代诗词的优美。

三、关键技术

- 影片剪辑元件的创建。
- 公共库中按钮和声音的使用。
- ActionScript 语句的灵活使用。

参考文献

[1] 牟艳霞，王强，李绍勇. Flash CS4 中文版入门与提高. 北京：清华大学出版社，2009.

[2] 蒋晓冬. 中文版 Flash CS4 入门与进阶. 北京：清华大学出版社，2010.

[3] 孙颖编. Flash ActionScript 3 殿堂之路. 北京：电子工业出版社，2007.

[4] 张凡，郭开鹤. Flash CS3 中文版应用教程. 北京：铁道出版社，2008.

[5] 潘鲁生，安小龙. Flash 动画艺术设计案例教程. 北京：清华大学出版社，2007.

[6] 李如超，袁云华. Flash CS5 中文版基础教程. 北京：人民邮电出版社，2011.

[7] 美国 Adobe 公司. Adobe Flash CS5 中文版经典教程. 陈宗斌译. 北京：人民邮电出版社，2010.

[8] 于永忱，伍福军. Flash CS5 动画设计案例教程. 北京：北京大学出版社，2008.

[9] 刘子轶. 网页制作技术. 北京：高等教育出版社，2006.

[10] 彭德林，明丽宏. Flash CS4 中文版模块教程. 北京：中国铁道出版社，2011.